"东大伦理"系列·《伦理研究》

江苏省公民道德与社会风尚协同创新中心　江苏省道德发展高端智库　东南大学道德发展研究院

Ethical Research

伦理研究【第十一辑】

伦理道德发展与中国式现代化

主　　编： 樊　浩　［德国］Thomas Pogge
　　　　　　［俄罗斯］Alexander N. Chumakov

执行主编： 赵　浩

东南大学出版社
SOUTHEAST UNIVERSITY PRESS

·南京·

江苏省公民道德与社会风尚协同创新中心　江苏省道德发展高端智库　东南大学道德发展研究院

图书在版编目(CIP)数据

伦理研究. 第十一辑, 伦理道德发展与中国式现代化/
樊浩,(德)涛慕思·博格(Thomas Pogge),(俄罗斯)
亚历山大·丘马科夫(Alexander N. Chumakov)主编
. -- 南京:东南大学出版社,2023.6
　ISBN 978-7-5766-1117-5

　Ⅰ. ①伦⋯ Ⅱ. ①樊⋯ ②涛⋯ ③亚⋯ Ⅲ. ①伦理学
－文集 Ⅳ. ①B82-53

中国国家版本馆 CIP 数据核字(2023)第 250700 号

责任编辑:陈　淑　　责任校对:子雪莲　　封面设计:余武莉　　责任印制:周荣虎

伦理研究(第十一辑)——伦理道德发展与中国式现代化
Lunli Yanjiu(Di-shiyi Ji)——Lunli Daode Fazhan Yu Zhongguoshi Xiandaihua

主　　编:樊　浩　［德国］Thomas Pogge　［俄罗斯］Alexander N. Chumakov
执行主编:赵　浩
出版发行:东南大学出版社
出 版 人:白云飞
社　　址:南京四牌楼 2 号　邮编:210096
网　　址:http://www. seupress. com
经　　销:全国各地新华书店
印　　刷:南京凯德印刷有限公司
开　　本:889 mm×1 194 mm　1/16
印　　张:6.75
字　　数:205 千字
版　　次:2023 年 6 月第 1 版
印　　次:2023 年 6 月第 1 次印刷
书　　号:ISBN　978-7-5766-1117-5
定　　价:65.00 元

本社图书若有印装质量问题,请直接与营销部联系。电话(传真):025-83791830

《伦理研究》编辑委员会

目　录

中国现代化的伦理建设与道德发展

成中英[*]

中国现代化的努力从洋务运动就积极开始,经过五四运动、辛亥革命与解放战争到新中国成立,迄今已有一百多年的历史。这是一个艰难的过程,不只是质的问题,而且是量的问题,因为中国是一个历史悠久、人口众多的国家,现代的国家化需要一个过程,这个过程牵涉国家的现代化和现代的国家化,也涉及现代的世界化和世界的现代化。但就中国来说,最主要的现代化的问题其实就是世界化的问题。在现代化的过程中,伦理的维护和伦理的建设是同样需要的,因为中国是一个古老的伦理国家,以伦理作为立国的基础。当然,从哲学思考来说,儒家可以说是最先整体强调社会伦理、天人伦理、文化伦理、家庭伦理、国家伦理、个人伦理、天下伦理的。四书中《大学》就把伦理的层次定了一个规范,而《中庸》则就伦理更基本的原则定下方案。《大学》说人从君子到百姓,都以修身为主,这涉及所谓《大学》的"八德"。而《中庸》则就"道"的问题做了一个奠基。基于《中庸》才能产生大学之道。

从另一方面来说,只有大学之道的实现,才能认识到伦理是以道德为基础的。《中庸》说:"天命之谓性,率性之谓道,修道之谓教。"在中国文化传统中,天是生命和道的基础与来源,它代表一种生生不已的能量和创造性,使人类成为可能,使万物成为可能。因为人和万物具有不同的性,但是人之所以为人,是经过长期的修炼而来的,也代表一个净化的过程,所以《中庸》说"率性之谓道",也把性的善发挥成为人之礼,那就是率性,也就成为伦理。这个道基本上是一个内在的性,还需要长久的修持,不管从个人到家庭,从家庭到族群,从族群到社会,从社会到国家,这个过程也就叫作"率性之谓道"。但这个道要有意识地主动去修炼它,那就需要教化,需要学习,需要自身的努力和发展,包括所谓立志,有立志的决心和修炼的功能,那就是道德理性。有了这个教化,才能使人成为人,使一切混乱变成秩序,黑暗变成光明,使小善变成大善,并消除人性的幽暗。

有了这样一个理解,我们可以看到中国文化以伦理取胜是绝对性的,中国的哲学就是一套伦理道德文明传统。这也就是中国文化的精华所在。我在这里把这个过程分成三个阶段:第一个阶段是伦理秩序的经验和体验,伦理是成果的体验,是基于道德的经验和建设,因为道德是根源,在道德发展的基础上产生了伦理维护的力量和德性。这个道德虽然是一个形上学的概念,但却具有全面性、统一性和一体性,在不同的关系中实现不同的伦理德性。孔子所强调的"五伦"——君臣、父子、夫妇、兄弟、朋友,都是具体伦理关系的定位。第二个阶段是从个人的德性做起,建立社会国家的秩序。个人伦理和国家发展有非常重要的道德关系,或者说是一种息息相关的机体生命关系。对这种生命关系伦理的体验,表现在

---

　　[*] 作者简介:成中英(1935—2024),著名美籍华人学者、世界著名哲学家、著名管理哲学家,C管理理论创立人,被公认为"第三代新儒家"的代表人物之一。作为海外儒学研究代表人物,长年致力于在西方世界介绍中国哲学,为中国哲学走向世界作出了划时代的巨大贡献,是享誉中外的英文《中国哲学季刊》(1973)的创立者和主编,国际中国哲学学会(1974)、国际易经学会(1985)、国际儒学联合会(1993)等国际性学术组织的创立者与首倡者。代表著作有《中国哲学与中国文化》《本体与诠释》《易学本体论》《中西哲学精神》《周易策略与经营管理》等。

孔子所谓"仁义礼智信"的德性概念上,于是才能建立五伦作为规范。这五伦非常密切地联系在一起,虽然可以有不同的诠释,但是它代表孔子重视以仁为本,仁智合一,乃至于五伦相依,不可或缺。孟子继而发展义理与正义,荀子重视知行与学习,使儒家的伦理变成中国文化传统的核心概念。

第三个阶段是如何使中国的伦理发展模型传播于世界,使全人类受益。这个传播发展的概念,我们看到在儒家《大学》一书里有很深刻的论述。所谓格物、致知、诚意、正心、修身、齐家、治国、平天下中的"天下"就是我们的世界,就是我们的全球。如果不能做到全面推广,世界仍然会有很大的混乱。因为中国文化伦理与道德的发展,具有内在的一致性和全体性,必须在全体性中才能得到真正的实践和实现。

经过我个人对生命的探索以及对世界的观察,我必须说我认可这个核心的儒家伦理,但这是我所界定和诠释的儒家伦理,而不是一般历史上说的那种封建落后的将儒家与封建制度纠缠在一块的历史儒教和礼教。我们必须分清历史和价值,现实和理想,我肯定的是一个儒家伦理的价值和理想。在中国历史的发展中,不管制度的儒学如何影响中国的历史,但我们认同一个核心的儒学伦理,由于它仍然为我们所认识,我们也可以推论在中国历史中,核心的理想的儒家伦理基本上是为儒学思想家所维持,从两汉到宋明,我们看到这样一个儒学的基本精神。一直到了鸦片战争之时,这个核心的儒家伦理被基本推翻,所造成的结果是非常不幸的。鸦片战争不但使中国丧失土地,更丧失了对儒学的信心。这是很不幸的。从鸦片战争到五四到今天,中国历史的变化翻天覆地,而作为一个现代的中国人,我们仍然需要一个现代化的儒学伦理。因为儒学伦理的目标是超越历史而指向未来的,但什么是一个现代社会的新伦理?这个新伦理就是重新认识儒学伦理对人的宇宙性和普遍性,是针对人需要为一个道德伦理生活而必须有的善。古希腊也有理性的伦理哲学,但近代西方却更重视功利主义和利己主义。在国家的竞争发展中,产生了资本主义、霸权主义、西方中心主义,同时利用科学与技术带来的国家力量对其他国家进行移民、侵略、土地占有,并形成一种难以改变的习气,毫无内在的道德含义。面对西方的强权和剥削,中国人民只能受苦,国家也只能委曲求全。虽然现代生活带来了科学知识和技术、医疗方法和管理组织方法,改变了人类生活方式,使人生活得更方便,但说到理想价值,做人的尊严等方面,却很难自主和自由。西方政治强调自由与平等,实际上却更重视个人的自由,并不重视人与人之间的平等。因此,西方的现代化虽然包含民主和人权的概念,但实际上也都需要个人和国家非常艰难地去争取,而争取往往无效,甚至得到相反的结果。这是西方缺少一个整体性的伦理价值概念所导致的,也可以说是西方的现代化所导致的。这个现代化是以现代科学、工业技术、政治民主投票制度以及宗教超越信仰来取得表面的平衡,但却没有实质的伦理道德价值内涵。

显然,一个现代国家的建立和现代化的制度是分不开的。现代化需要一个自觉的理性,能够去判断是非善恶,而且能够不断试错而求得真理。当然,现代化也代表一种自由自主负责任的实践行为,也是一种担当的精神。现代化也是一种关系,直接控制生活资源、发展资源,寻求片面平衡。但却没有全面的平衡与和谐,并缺少对一个全面平衡与和谐的人际伦理进行积极的追求。现代性缺少未来性,也缺少未来的理想性。由于急功近利,不能掌握以有余补不足的平衡关系,以进行人与他人、人与自我的伦理道德和平交往。

在这种形势之下,我们来看当下中国伦理道德及其本体如何。现代化在当代中国应该分成 1949 年之前和 1949 年之后。1949 年走向一个新时代,可以说解决了很多国家层面的问题。1949 年,中国取得在世界上自主发展的地位,新中国的建立可以说是一个新伦理的建立。在中国所强调的近代马克思主义基础上,中国族群伦理、社会伦理、家庭伦理与个人伦理都得到基本的认同和发展的鼓励。这是因为新中国的建立是一个本体性的建立,这个本体性的建立包含了伦理发展和道德建设,也包含了中国人对传统道德的认同,更进一步推向世界发展的一种愿望和基本发展建设,我名之为本体。这个本体包含道德和自然,也包含中国人对世界伦理理想的期待,把中国儒学传统中的"世界大同"与"天下一家"的概念,与现代所谓博爱、和平、平等、自由观念相融合,积极追求人类的幸福和世界的发展。我们看到这个伦理具有上下一致的统一性,从最下层要建立一个不虞匮乏的经济体系,因此包含了现代社会所谓的经济伦理,形成一个遵纪守法的社会,进而成为一个"富而好礼""执权有仁"的国家,为世界永远避免战争,走向和平繁荣而努力。

当然,伦理建设只说不做,不是真正的伦理,只做不说也不能看到规则所在。从这个角度看,我们可以观察到下面这些发展在这个过程中的地位和方向。第一,我们注意到三四十年来,中国的国际地位不断提高,摆脱了"东亚病夫"的形象,从一种佛学的解脱精神和道家的超脱精神,逐渐回归到儒学的道德精神。刚健自强,生生不息,这本来就是中国文化的基本底色。习近平总书记提出现代中国文化传承中国道德与伦理是很成功的,这些成功体现在新时代的一些政治、经济、外交的作为方面。中国强调国与国之间互不干涉、尊重自由,强调平等互惠,强调不主动发起战争,在某一种程度上是刚健之德的提升和实践。由于儒学伦理是本体性的,而不只是道德性的,伦理是一种气质,也是一种行为。在中国对外关系方面,对美国一些自私的做法仗义执言,对非洲民族进行协和与帮助,更发展了"一带一路"的世界化的贡献。在最近中美关系的复杂形势之下,中国敢于揭露美国的虚伪,讲出做人为国的基本道理。从国际形势看,中国对待俄乌战争,对待巴以冲突,也是有自己的考虑,仍然是从长远的世界和平伦理和人类未来的道德理想生活来看待的。

在现代化方面,我看到一些改变。这些改变当然和伦理的建设、道德的发展、本体的坚持是有密切关系的,在国家社会这一块,显然一些地方仍然受到各种恶势力的影响,在边境地区仍然感到不安。中国主张全民享有平等权利,从孔子所说的增加人口发展,维护他们的生活,最后教化这三个角度来看,也是有进步的。相反,从西方的角度来看,中国的现代化是成功的。但西方却要打压和制裁,而对中国传统德性伦理却又并不遵循。西方文化伦理难道不可以整合成为一个和谐一致的整体? 我写过一篇有关人类整合伦理的论文,把权利伦理和责任伦理相互补充,把利己与利他相互补充。而这两种补充建立在一个整体性的儒学德性伦理之上。所以人类社会许多问题都要从伦理方面去改进,包含医疗改革、教育改革、卫生改革、经济改革、财务改革,都显示出一种伦理的进步,其实这种改革就是社会伦理的进化。显然,在长期的治理过程当中,中国注意到以前没注意到的问题,这是一个现代化的中国伦理所必须关注的,也是马克思主义整体化的管理改革。现代的中国人必须提倡传统儒家的刚健精神和自强不息的生命精神,这就是维护中国文化传统中的整体建设和道德发展。

从具体个案来说,中国现代化的新伦理还需要彻底的革新,而且要具体的落实,同时也要讲究知识、技术、理性与正义。在这样一个混乱、充满危机的时代,必须知己知彼,不断精进,精益求精,与时代并进,也促进时代真正的进步。这也是中国的儒家伦理和道德发展的理性价值所在。目前这种现代化的伦理可以推及教育改革和学术整合的工作,同时也应该用到民间社会所呈现的具体问题上,我们需要认识到中国文化的基础是中国的哲学,必须要推广中国哲学到全世界,能够资助有能力的人在海外建立学校,能够帮助中国伦理的价值传播到世界各种文化社会,使人们了解中国历史和文化的真相,以及中国现代化所具有的时代特征。

总而言之,中国现代伦理是在变化之中,必须重视一个本体化的气质变化。在从阴到阳、从阳到阴的平衡发展之中,实现中国文化与伦理的精神价值。这一中国现代化的伦理显然可以简要概括为下面几个重要概念:第一,积极修养个人的自我提升;第二,走向繁荣自强的经济伦理;第三,走向社会的平等伦理;第四,走向国际之间的和谐伦理;第五,走向世界大同的教化伦理;第六,整合各层次伦理为有秩序的关联,相互补充、相互支持、与时俱进、生生不已。要之,应当把伦理建设与道德发展融合在中国现代化社会伦理的过程之中,强调伦理建设与道德发展离不开国家发展、社会发展以及文化发展,也必须从这个角度获得更正确的理解。

多元现代性问题与张力

姚新中*

（中国人民大学 伦理学与道德建设研究中心，北京 100872）

现代性的多元化产生于世界现代化的发展历史进程中，更是多元文化传统复兴意识兴起与实践的结果。它丰富了现代化的内容，更新了现代概念的形式，补充了已有现代性的缺陷。同时，对多元现代性的自觉与追求，也加速了当今多极世界的形成，催生了现代性各构成要素之间、不同现代性之间的价值矛盾与冲突。理解多元现代性的关键在于把握"多"与"一"之间的动态平衡，这不仅涉及"传统"与"现代"是否、能否以及怎么整合的问题，也关乎现代性中的"一体"与"多样"是否以及能否共存、互动的问题。现代性中的"一"与"多"并非仅仅是抽象的哲学语词，而是具体表现为不同"传统"之间、现代性发展不同阶段之间、现代性内部不同价值系统之间、现代性不同实现方式之间的张力集聚与化解方式。无论是"一体"还是"多元"，21世纪的现代性所指向的都是与人类命运攸关的大问题："多元价值"是否内在地趋向于竞争，竞争的方式是否只能是零和博弈？我们有没有方法化解由"多样"所形成的张力从而实现不同价值观念、不同价值体系之间的同生、共存，并最终形成"一体"的"全人类共同价值"？这些问题展现在我们每一个人的日常生活经验和交流交往中，其实质是人类作为一个整体的思维方式、存在方式、行动方式和生命方式的问题，是我们思考多元现代性何以可能以及如何可能时必须要回答的价值问题。

一、"多元现代性问题"

现代性是一个人人都需要面对的实践"难题"（problem），不解决我们无法立足于现代社会。"多元现代性"更是一个需要深思才能理解其多维含义的哲学"问题"（question），不认真辨析就无法把握现代性的本质和内容。现代性和多元现代性各自都具有多重的维度、多层次的含义，可以从不同的视角来探索，并且已经在不同的学科领域得到深入研究，成为一个具有丰富性和广博性的跨学科论域。

如果把现代性放在现代化发展的历史过程来理解，我们需要恰当区分现代性（modernity）与现代化（modernization）这两个既相互联系又相互区别的概念及其各自的指向。有些学者常常把这两个术语等同起来，另一些学者则把它们混合起来使用①。它们所指虽然密切相关，但并不完全等同，各自有着自己的内涵和外延。现代化一般是指人类从农业社会走向工业社会的过程，迄今为止都是以生产方式的工业化、发展方式的科技化、生活方式的城市化、信仰方式的世俗化、治理方式的官僚化等等为主要内容，而现代性则相对于"传统性"（traditionality），是既源于传统又超越传统的价值体系，大多以文明、进步、开放、包容、理性等为重要特征，所对应的是所谓的守旧、封闭、排他、情感性等价值规范系统。由此可见，"现代性"更多的是指现代社会所应该具有的核心价值，与现代人所秉持的观念、态度、认知、选择、行为有着密切的关系。

作为一个价值系统，现代性并非固定不变的。如果把现代性概念视为一个历史嬗变的过程，我们可

---

* 作者简介：姚新中，中国人民大学伦理学与道德建设研究中心研究员，博士生导师；东南大学人文学院哲学与科学系特聘教授。

① 比如，安东尼·吉登斯把现代性规定为"现代社会"或"工业文明"，从"社会"或"社会秩序"来给以定义。参见 Anthony Giddens and C. Pierson, Conversations with Anthony Giddens: Making Sense of Modernity, Stanford University Press, 1998, 94.

以清楚地看到现代性在 20 世纪后半叶获得了新的发展并增加了新的内涵。从 16 世纪到 20 世纪前半叶的现代性主要是在文艺复兴、宗教改革、工业革命、启蒙运动等西方现代化过程中所形成的"一元现代性",那么在此后所开始的新一轮经济科技交流全球化时代,现代性以及人们对现代性的理解都发生了很大的变化。全球化时代的现代性在形式和内容方面获得了不同于以往的单一来源"启蒙现代性"的新价值,通过汇集和消化各国各民族的优秀传统文化,在新的科技革命、工业化、社会变迁中不断得到丰富与提升,可以说是一种"新的"现代性。

这一新现代性是对几个世纪以来人们习以为常的"一元"现代性的超越,因为它不再执着于一元和排他,而是以多种方式展现了多元与一体的对立与统一。"多元现代性"概念的出现并越来越受到人们的重视,这一事实本身就说明了"多元"与"现代性"之间并非水火不容,而是可以通过碰撞、互通并进而达到融合。但同时多元现代性又是一个新的概念,内含着"多元"之间的矛盾,提出了"一"与"多"之间关系的诸多新问题。在现代性发展过程中,为什么会出现从一到多、多元取代一元的变化?有没有从多元走向一体的过程、为什么要从多元走向一体,以及从多元走向一体是否可以有不同的路径?如何理解"一体"内在地包含着"多样","多样性"也内在地孕育着"一体性"?对于这些问题的回答直接关系到我们应该如何理解多元现代性作为新价值体系的实质、功能和指向。

在这方面,中西方学者曾经尝试过不同的路径,也给出过诸多不同的答案。比较有代表性的主张是现代化理论所提出的"一元化多元"。这一理论把现代性的所有问题都归结为现代化的一元性没有得到彻底的贯彻[1],认定只要通过单一来源现代性的扩展与深化就能消融来自不同的文明传统、不同的文化体系,从而实现"同质化"的、更为完善的现代性。然而,这一所谓的现代化理论把现代性等同于西方性、把现代性的内容单一化,在 20 世纪后半叶的世界新发展(特别是"后殖民主义""后工业化""后世俗主义""后现代主义"等等运动)中受到了诸多质疑和严峻挑战,并继而引发出一系列的新理论、新运动,作为对现代化难题、挑战与质疑的回应,其中比较受人瞩目的有"儒家现代性""亚洲现代性""第二现代性""女性主义现代性""后现代性"等等。这些所谓的新范式、新理论或新路径虽然出发点、表现形式各有所异,但都具有一个共同的目的和话题,即以不同的方式来否定现代性的一元论、排他性,强化现代性价值在来源上的多样性、在实践中的包容性,从而强化了现代性中"一"与"多"的复杂关系。

把现代性中的"一"与"多"关系放在人类发展的历史长河中来审视,我们可以获得许多新的认识和不同的模式。比如就具体的文明起源而言,人类主要文明体系各自都有多样性的源头,可以说是表现为从"多"到"一"的复杂过程[2]。在这个意义上我们可以说,"多"在存在论上要先于"一"。但是,如果从文明的内涵来看,文明体系的演化则呈现为同一种文明形态演化为多种表达方式,并形成一体多样的文明展开方式。就"道通为一"(《庄子》第 2 章)而言,我们可以说"一"在价值论上要高于"多",是"多"所应该追求的目的和理想状态[3]。无论是在存在论中还是从价值论的视域来看,多元现代性问题所包含的"多"与"一"都呈现出丰富的内容和多重的维度,我们必须进行具体的分析。如果我们把多元现代性问题进行细化,就可以发现它实际上包含着以下四个方面的内容以及由此引发的诸多子问题。

第一,多元现代性中蕴含着"多"与"一"的共存与矛盾。现代性中"一元"与"多元"的本质是什么?如果把"一"规定为"同质化"所形成的共同体,那么"多"是否必然指向"异质",而异质的"多"之间是否必

---

[1] "The cure for modernity is simply—more modernity". 参见 David Gross, *The Past in Ruins: Tradition and the Critique of Modernity*. Cambridge: University of Massachusetts Press, 1992, p87.

[2] 在这方面比较著名的例子有考古学家苏秉琦就中国文明起源问题所提出的"满天星斗"模式。"满天星斗"说明中华文明有着多元的源头,既包括黄河流域的中原文化,也包括长江中下游的大汶口文化,西南的巴蜀文化和楚文化,更有从陇东到河套再到辽西的长城以北地区的红山文化等等(苏秉琦:《中国文明起源新探》,北京:三联书店,2019 年)。

[3] 这一思想在中国早期道家哲学中得到了鲜明的表达。对于《道德经》的作者来说,万事万物的内在本质和高级形态是"一",回归到"根"和"常"是存在的最高级形态以及对此的最高智慧:"夫物芸芸,各复归其根。归根曰静,静曰复命。复命曰常,知常曰明。"(《道德经》16 章)

然会产生"不同""张力"和"竞争",从而使得"一"成为不可能? 如果说现代性中"一"意味着普遍,"多"所要求的就是特殊,是否只有在现代性中实现了"一",才能为现代化社会提供共同的价值、共同的理想,而特殊的多元之间的张力是不是只能通向对抗性的零和博弈? 有没有可能实现多元之间的同生、共存、互通、互鉴? 如何才能保障多元的出现促进而不是阻碍现代化的进程,丰富而不是削弱现代化的内涵?

第二,"多"在存在论上优先于"一",而"一"在价值论上优先于"多"。如果说"多"是人类社会发展的"新常态",这一常态要持续多久? 如果"多元"不仅是现实而且是未来,那么为什么"大同社会""天下为公""共产主义"等等"趋一"的理想能够鼓舞人心,成为社会变革的旗帜? 这里涉及如何理解现代性中的"一",如何把"一"规定为"人类共在体"的基本价值。作为区别于自然存在的人类,不同文化传统的人必然也具有共同的利益、面对共同的风险、承担人类延续发展的共同使命,在此基础上自然会产生共同的追求和共同的理想,获得共同的价值。对于"共在性"的承认必然引发如何从"共在"走向"共同",就要追问"人类价值共同体""人类命运共同体"中的"共同体"如何才能在现代性发展中逐渐"去特殊性"并越来越得到普遍的承认。真实的而不是虚幻的"共同体"需要共同的价值支撑,但人类的共同价值可否是多元的一体,还是只能是同质化的一体?

第三,无论是从"一"到"多",还是从"多"到"一",这样的过程是线性的发展还是"循环往复"或螺旋式上升的动态平衡? 换句话说,现代化的发展是否最终会朝着同样的方向、达到同样的目的,在生产方式、生活方式、行为方式、思维方式等等方面是否会逐渐实现同一个样态?"人同此心、心同此理"是中国儒家传统的一个重要认定,这一认定在当代心理学、社会心理学、道德心理学的实证研究中也得到了充分的支撑。由此而言,"一"似乎比"多"更符合人性,更有生命力,也因此更应该成为人类社会的"常态"。但是,"执一"虽然可以迅速形成同质的社群,有利于集聚人心,为什么历史上和现实中,"执一"从没有形成过真正的"同质社会",更不要说"同质人心"了? 相反,无数历史事实证明,如果过于"专一"、过分强调"大一统",不仅无法消解"不同"所带来的张力,而且最终会因为内外的张力集聚而导致"一"的破裂,并常常会以暴力的方式打破"一"的垄断。"多元现代性"能否跳出这一怪圈,化解普遍与特殊的矛盾,实现"一"与"多"的和谐并存?

第四,我们能否因为"执一"所具有的负面效应,就应该转向"执多",使"多"成为"常态"或"目标"? 如果"执多"把"多"绝对化、常态化,会不会导致人心涣散、无序混乱,导致人们在多层面上进行内耗性竞争? 就社会理想而言,马克思以"全面发展的自由人的联合体"来规定"共产主义",既保障了"多元"存在的价值主体性(自由人),又倡导了"一体"的价值理想性(联合体),是否应该成为我们思考"多"与"一"如何在张力中寻求一致的范型? 这里就会涉及如何理解"共同体""共同价值""共同生活"等问题①。"人类命运共同体"是我们解决"多元现代性问题"的重要路径,也为我们提供了解决由此引发的"多"与"一"矛盾的指导原则。

二、多元现代性中"一"与"多"的张力

对于任何复杂系统的哲学探讨都需要预定解释的框架或视角,并常常以某种价值或价值体系为导向。"一神论"文化传统中所生发的现代性价值体系往往会从绝对的"一"出发,最终要归结为"一"。世界近现代史见证了如何可以通过殖民主义、资本主义、侵略战争等方式实现一元性现代化,也见证了如何能够通过生活方式的改变、话语权的设定而表达出"一"的高贵、高等和绝对,使得消融"多"的诸种方式均成为可辩护的价值行为。在如此的价值氛围中,"多"与"一"似乎更像是毛与皮的关系,多样性是

---

① "共同体"(community)表示一种具有共同利益诉求和伦理取向的群体生活,包括共同的地域、共同的价值、共同的规范和共同的情感等等。用腾尼斯的话说,人们之间的相互关系或肯定或否定,而相互肯定的关系或者表现为"多"中的"一",或者表现为"一"中的"多"。共同体的本质是真实的、有机的生命体。(裴迪南·腾尼斯:《共同体与社会》,张巍卓译,北京:商务印书馆,2019年,第67-68页。)

"毛",而"一"则是皮,"多"虽然存在着,但本质上是附属性的,缺乏独立性、自主性,需要依赖于高等的"一体"才能获得存在感。在一元现代性的时空维度中,"多"是暂时的、相对的、地域性的,因为多样的存在终归会被终极性的"一"所消融掉。

"执一"的现代化进路虽然在过去几百年间极大地促进了社会发展和进步,但并非解释现代性问题的唯一框架。人类文明的多样性存在本身就说明了多种解释视角和价值导向存在的可能性和现实性。当我们摆脱了绝对一元性思维的禁锢后,就会发现中国传统文化中的"和"思想代表着一个不同的进路和导向,可以提供一种完全不同的解释学方法论。这一哲学思想在过去成就了中国传统文化理解世界秩序并进而力图改变世界的价值依据和哲学原则,而今天则可以作为中国传统思想的优秀资源,帮助我们来重新思考多元现代性所产生的"多"与"一"的张力,寻找消减或化解张力的有效路径。

"和"思想有一个发展和不断丰富的过程,并最终成为儒家的"和哲学"①。在中国早期思想中,"和"仅用来说明按适当的标准和方法对"多"进行调和、协和、统和[如不同的原料调出滋味鲜美的"羹汤",不同的音调奏出美妙动听的音乐(《左传·昭公二十年》)],继而发展出创生性的"和"观念(如《国语·郑语》所说"和实生物,同则不继"),"天地和同"(《礼记·月令》)的世界观,"阴阳和而万物得"的宇宙发生学(《礼记·郊特牲》)。儒家学派根据古代"和"思想而发展出一个以"和"为"天下之达道"(《中庸》)的"中和"哲学与心性伦理学。儒家的"和"哲学通过"和为贵"(《论语·学而》)、"和而不同"(《论语·子路》)、"和无寡"(《论语·季氏》)等经典表述,成为处理不同价值之间关系的哲学方法论和伦理道德原则②。这里的"和"所呈现的不仅是一种伦理德性和君子品格,是万事万物和人的存在论状态,而且是指导政治活动的伦理准则和解决价值矛盾与冲突的价值论工具③。

作为"天下之达道"的"和"为中华文明的形成提供了具有普遍性的价值论与方法论,在消解多样文化、不同民族之间矛盾中起了不可替代的作用。在当代现代化实践中,"和"而不是"同"依然可以帮助我们解释多元现代性何以可能的问题,为我们解决"多元现代性问题"提供不同的方案,为在百年未有之大变局中持续推动现代化、全球化指明一个可以论证的价值导向。作为"多元现代性问题"的解释学框架,"和"哲学具有两个方面的内容和要求,而且两者相互依托,同样重要,缺一不可。首先,它承认万千世界具有内在的差异,不同文明形态具有对现代性的多样诉求,不同民族国家在现代化发展中可能并且可以呈现不同的路径,从而为"多元"在现代性中的存在创造出空间和可能。其次,"和"哲学并非要止步于"不同"之间可以共存的状态,而是要在承认"差异""不同""多样"的前提下,要求通过"多"之间的互通、互鉴、互补来更深刻地理解"异同互动""不同之同""由异到同",体会从各美其美的存在论事实到美人之美,再到美美与共(一体)的价值论境界的必要性、迫切性与必然性。如此理解的"和"哲学,既可以为我们理解和处理各种复杂境况提供必要的价值原则,也应该可以为我们把握和解决当代多元现代性问题开辟出独特的路径。

"多元现代性"在世界现代化实践中能够得以提出并得到越来越多人的认可,这一事实本身就说明"一元现代性"的独断性已经失去其一统天下的地位,已经无法解释和解决当今世界的新问题、新境遇。因此,多元性的现代化并不是要否定现代性,而是在现代化发展过程中,为解决以不同方式表达的现代性之间矛盾冲突而提出的新理论,是对已有的现代化理论的革新或替代。"多元现代性"所内含的价值原则与中国传统中的"和"哲学可以说是不谋而合的,其实现路径则成了"和"哲学在现代化实践中的表现形式之一,具备了"海纳百川,有容乃大"的气度。在当今极为复杂的国际、国内环境中,只有从"和"出发,现代化的多元性才能够得以确立,只有拒斥绝对的"同"标准,多元的现代性才有可能成为一体。相

---

① 参见 Chenyang Li: *The Confucian Philosophy of Harmony*, London and New York: Routledge, 2014.

② "和而不同"是中国传统哲学中具有代表性的世界观、方法论和价值观,所彰显的是传统思想中观察世界形态、历史变迁的儒学视角。陈来以"追求多样性的和谐"概括这一儒家的世界观和方法论(参见陈来:《仁学本体论》,北京:三联书店,2014 年,第 483 页。)

③ 姚新中:《和而不同:人类共同价值重构的路径》,《中州学刊》2023 年第 2 期,104-109 页。

反，弃"和"而不用，甚至采取相反的、极端的"同"标准，只会导致多元现代性在"多"与"一"之间急剧积累起张力，使得现代性中的多元共存、互鉴、互通演化为无序竞争及无法化解的冲突，"多元现代性"既无法得到人们的理解，更不可能在现实世界中得以实现。

三、结　语

毋庸置疑，全球化时代的"多元现代性"无法仅靠个人的修身来成立，更需要所有国家、所有民族的积极参与，在共同利益、共同价值基础上去建构"多元一体"的国际秩序。在这方面，中国传统儒家的"和"思想不仅提出内修的要求，而且也具有外建的动能。正是由于这样的双重路径，"和"哲学及其倡导的尊重多样性存在、倡导多元一体的原则已经被越来越多的人所接受，成为人类文明发展和保护文化多样性的思想资源，更是在当今国际关系中促使"多元现代性"得以普遍实现的重要"公共价值产品"。2001年，联合国教科文组织在《世界文化多样性宣言》第1条中认定，"对于人类而言，文化多样性就如生物多样性对于自然一样至关重要。"2005年通过的《保护和促进文化表达多样性公约》更是确认"文化多样性为人类的基本特性"，"是人类的共同遗产"，要求各国"应该为了全人类的利益对其加以珍爱和维护"。由此可见，尊重文化多样性、实现全人类共同利益不仅反映出中国传统"和"哲学的内在诉求，而且顺应了现代性在全球化时代的发展趋势，是促进"人类经济共同体""人类健康共同体""人类命运共同体"所迈出的重要一步，内在地包含着如何在国际社会解决现代多元性问题并真正实现多元现代性的价值导向。

中国式现代化视域中的当代中国伦理学建构

付长珍*

（华东师范大学 哲学系，上海 200241）

摘　要：在中国式现代化持续深入推进的中国特色社会主义新时代，创建具有中国气派和世界影响力的中国特色哲学社会科学话语，已是时代的当务之急。作为一门古老而青春的学问，中国伦理学有着悠久丰厚的文化传统和话语资源，曾经支撑起"道德中国"的伦理大厦，建构了中国人独特的精神世界，奠定了建设中华民族现代文明的根基。在中国式现代化和人类文明交流互鉴的视域中，如何书写和建构当代中国伦理学，不仅是一个学科学术命题，更是一个洞察时代精神与文明走向的现实之问。在同情地了解和批判性反思中西伦理传统的基础上，从实践智慧形态和方法论反省等层面，探寻一种大伦理学建构的理论前景，是当代中国伦理学转型创新的可能方案。

关键词：中国式现代化；当代中国伦理学；知识体系；实践智慧；人类文明

在中国式现代化持续深入推进的中国特色社会主义新时代，创建具有中国气派和世界影响力的中国特色哲学社会科学话语，已是时代的当务之急。作为一门古老而青春的学问，中国伦理学有着悠久丰厚的文化传统和话语资源，曾经支撑起"道德中国"的伦理大厦，建构了中国人独特的精神世界。在中国式现代化和人类文明交流互鉴的视域中，中国伦理学如何"再出场"，不仅是一个学科学术问题，更是一个时代精神的灵魂之问。这是一个关涉中国伦理学转型与创新的全局性问题。既要凸显长时段的历史意识，又需要在中西伦理学的互参互鉴下展开，逻辑地关联对以下问题的追问：什么是"中国伦理学"？如何再写中国伦理学？这就需要对中国伦理学的现代转型做出新的理解和定位，厘清核心问题意识，在同情地理解和批判性反思的基础上进行创造性重建。建构起面向未来的当代中国伦理话语体系，则需要在世界性百家争鸣的舞台上，从理论建构和方法论反省等层面做出系统检视与反思。

一、走向世界的中国伦理学

虽然中国是有着悠久道德文明与伦理智慧传统的国度，但像黑格尔等西方哲学家都曾否认存在"中国哲学"这一理论形态。20 世纪上半叶的中国哲学家，则一直试图从世界哲学的视野中来思考中国哲学伦理学的现代转型。对此，可以从两位冯先生开始讲起。

第一位是冯友兰先生。他的一生创作了《中国哲学史》《中国哲学史新编》等一系列标杆性的中国哲学史著作。冯友兰认为，走向世界的中国哲学，担负着"阐旧邦以辅新命"的重任。"第一阶段的精神领袖们基本上只有兴趣以旧释新，而我们现在则也有兴趣以新释旧；第二阶段的精神领袖只有兴趣指出东西方的不同，而我们现在则有兴趣看出东方西方之间所同。"[1]冯友兰自觉考察古今之变和东西之别，在古今中西之争的比较视域内，开启现代中国哲学的世界化前景。

---

* 基金项目：国家社会科学基金重大项目（19ZDA033）。

作者简介：付长珍，华东师范大学哲学系暨中国现代思想文化研究所教授。研究方向：比较伦理学、中国伦理学。

① 1934 年，在第八届世界哲学大会上，冯友兰做了题为"哲学在现代中国"的学术报告，这是在报告的结尾处发出的倡言。参见冯友兰：《哲学在当代中国》，《三松堂全集》第 11 卷，郑州：河南人民出版社，2000 年，第 269 页。

第二位则是冯契先生。早在 1989 年出版的《中国近代哲学的革命进程》一书的"小结"中,冯契就已提出,"我们正面临着世界性的百家争鸣"①。"中西文化、中西哲学在中国这块土地上已经汇合"②,而"如何使中国哲学能发扬其传统的民族特色,并会通中外而使之成为世界哲学的重要组成部分,作出无愧于先哲的贡献,这是当代海内外许多中国学者在共同考虑的重大问题"③。此外,冯先生在晚年还提出了另一个猜想——"下一代人将是富于批判精神的",他对未来的走向曾做过这样的预判:"到世纪之交,时代意识的特点将是什么呢? 大概还不能期望很高,能够像王充那样'疾虚妄',从多方面来作深入的自我批判,那就很好了,那就说明我们的民族是很有希望的。"④在冯契看来,只有经过系统的反思的时代,才可能是"真正达到'会通以求超胜'的时代"⑤。

冯契晚年的这两个猜想,如今在中国大地上正在成为现实。当代西方著名伦理学家迈克尔·斯洛特在"重启世界哲学的宣言:中国哲学的意义"一文中指出:中国在未来几十年的学术影响力,可能会有效地帮助我们成功地开启世界哲学的新方向。⑥ 自徐光启提出"欲求超胜,必先会通"至今已经四百多年,中西会通已经成为不争的事实,我们当前所面临的任务就是如何走出古今中西之争的藩篱,重建一个当代中国自主的伦理学。

二、何谓中国伦理学?

中国古代哲学中并没有"伦理学"这个语词,伦理学概念最早出现在中国,应该追溯到严复以《天演论》为名翻译的赫胥黎的 *Evolution and Ethics* 一书。此后,中国思想界开始有意识地传译西方伦理学经典,以新知附益旧学,努力尝试建立中国伦理学的学科体系,即用现代伦理学的理论范式对中国自身的思想文化进行新的解读与诠释。

作为现代学科意义上的中国伦理学取得学科的身份认同,最早是以传统的修身教育为主。清末的新式学堂中已经开设了专门的伦理学课程,内容主要以教导"力行""修身"为主。1910 年以后,伦理学开始以学理研究和知识建构为主旨,并逐渐形成一些共识。1906 年,刘师培编著的《伦理学教科书》是中国历史上第一本体系化的伦理学教科书,其中就明确指出中国传统伦理思想与哲学、政治学、教育学混在一起,学科的范围和特征并不明确,而且存在重实践而轻理论的问题。⑦ 蔡元培在《中国伦理学史》一书中更明确地区分了"修身书"和"伦理学"的关系,认为修身书主要是教人道德规范,而伦理学则以研究学理为鹄,"盖伦理学者,知识之径涂;而修身书者,则行为之标准也",并指出"持修身书之见解以治伦理学,常足为学识进步之障碍"⑧。蔡元培强调伦理学学科应该关注学理,以建构知识为面向的主张,得到了近代伦理学研究者的普遍认同。关于伦理学的界说,江恒源折衷群言,阐幽抉微地指出,"伦理学,是论究道德行为的根本原理,辨明道德判断的最高标准,定出至善之鹄,以期达到最圆满的做人目的"⑨。谢幼伟的《伦理学大纲》(1941)、汪少伦的《伦理学体系》(1944)、黄建中的《比较伦理学》(1945)等都对伦理学的性质、目的、研究对象等基本问题进行了探讨,由此初步确立起伦理学的学科框架。蔡元培的《中国伦理学史》是现代学术意义上中国伦理学的奠基之作。中国原生态的伦理思想和伦理文

---

① 冯契:《中国近代哲学的革命进程》,《冯契文集》第 7 卷,上海:华东师范大学出版社,2016 年,第 652 页。
② 同①。
③ 冯契:《〈马克思恩格斯同时代的西方哲学——以问题为中心的断代哲学史〉序》,《冯契文集》第 8 卷,上海:华东师范大学出版社,2016 年,第 527 页。
④ 冯契:《中国近代哲学的革命进程》,《冯契文集》第 10 卷,上海:华东师范大学出版社,2016 年,第 318 页。
⑤ 同④。
⑥ 迈克尔·斯洛特:《重启世界哲学的宣言:中国哲学的意义》,刘建芳、刘梁剑译,《学术月刊》2015 年第 5 期,第 36 页。
⑦ 刘师培:《经学教科书·伦理学教科书》,扬州:广陵书社,2013 年,第 126 页。
⑧ 蔡元培:《中国伦理学史》,北京:东方出版社,1996 年,第 1 页。
⑨ 江恒源:《伦理学概论》,上海:大东书局,1935 年,第 21 页。

明,如何从逻各斯意义上"学"的层面获得真理性建构?为此蔡元培特别区分了伦理学与伦理学史,他认为,"伦理学以伦理之科条为纲,伦理学史以伦理学家之派别为叙"①,并且伦理学是主观的,而伦理学史则是客观的。20世纪前半叶的伦理学家借用西方的伦理学理论与学科体系,尝试对中国古典伦理思想做出系统的梳理,可以说初步清理了传统伦理学的历史遗产,也为现代中国伦理学知识体系构筑了最初的框架。

厘清作为学科形态的中国伦理学,是建构中国伦理学学术体系的基础性工作。当代中国伦理学学术形态的建构②,大致经历了从"述"(narrating)到"说"(talking)再到"做"(doing)这三种范式的转型。"述"与"说"主要还是古今中西伦理思想的梳理与比较,而"做"更多是有意识地超越比较,注重建构中国自身的伦理学。

到底有没有一个中国伦理学?如何再写中国伦理学?高兆明认为,"中国伦理学"是一文化特殊性概念,它立足中华民族的生活世界,以中华民族的运思和认知方式,用中华民族的语言概念,围绕普遍问题,提示普遍之理。③ 我们所探讨的中国伦理学,不仅是一种地方性、本土性的知识文明,而且具有世界性、共通性的人类价值意义。

所谓中国伦理学,首先是伦理学的中国故事、中国叙事,不能囿于模仿或回应西方伦理学的思想方式与问题关怀,而是重在诠释自己的伦理文化内涵,论述自己的历史文化经验,回应现实对伦理学提出的新问题、新挑战。中国伦理学要走向世界,需要与多元文明形态和思想传统对话,那种过于历史化的、民族性的论述,如何进一步提升为哲学化、理论化的形态,这就需要将中国伦理学中原有的范畴、概念进一步清晰化,原有的分析论证更加精细化。如何既能保持中国思想传统的特质,又能赋予它清晰的思想边界? 由此,在前哲时贤创造性工作的基础上,本文尝试提出一种"做中国伦理学"的诠释进路。④

三、如何做中国伦理学?

做中国伦理学既要扎根中国的思想传统,又要扎根现代生活,扎根中国式现代化的实际,这就要求打通观念世界和生活世界,才是促成中国伦理思想创发的"源头活水"。中国伦理学走向世界,需要用新的理论和问题框架对传统伦理话语进行新的理解和呈现,并在当代伦理学的理论光谱中对此加以新的阐发,就需要有方法论的自觉。如何打通观念世界与生活世界,历史世界与现实世界?检视以往的中国伦理学研究,一种倾向是执着于哲学史的叙事,而缺乏对理论建构的反省;另一种倾向是过于注重抽象的、观念的、思辨的建构,而脱离了具体的历史文化语境。这两种做法都不同程度地遮蔽了中国伦理思想的特质和现代生命力。近年来,深耕中国哲学的研究者们,借用西方伦理学理论,依托中国传统伦理的深厚资源,尝试进行了多种形态的范式构建,其中包括以儒家生生伦理学和"仁本体"为代表的生生范式、以体知为中心的身体范式、以情感儒学和情本体为代表的情感范式,等等。

20世纪下半叶,真正建立了原创性哲学体系的哲学家,如牟宗三、冯契、李泽厚都是以康德哲学为间架来重构中国现代伦理学的实践智慧形态,即牟宗三的重建道德形上学进路,冯契的扩展认识论进路以及李泽厚的重建本体论进路。这三种典型的路向,实际上擘画了中国伦理学再出场的三种方式。

---

① 蔡元培:《中国伦理学史》,北京:东方出版社,1996年,第1页。
② 这里的中国伦理学,译成英文是 Chinese ethics,不同于 Ethics in China & Ethics of China,其中的差别类似于中国哲学、中国的哲学与中国底哲学,或者道德的形上学和道德底形上学之间的区分。
③ 高兆明:《伦理学与话语体系——如何再写"中国伦理学"》,《华东师范大学学报(哲学社会科学版)》,2018年第1期,第9页。
④ 围绕中国伦理学的重建,早在1990年,万俊人就发表了《论中国伦理学之重建》(载《北京大学学报(哲学社会科学版)》,1990年第1期)一文,特别指出中国伦理学重建的全新视角至少包括十个方面。2019年,樊浩在《中国伦理学研究如何迈入"不惑"之境》(载《东南大学学报(社会科学版)》2019年第1期)一文中,提出了三个前沿性的追问:道德哲学如何"成哲学"? 伦理学如何"有伦理?"中国伦理如何"是中国"? 朱贻庭的《"伦理"与"道德"之辨——关于"再写中国伦理学"的一点思考》(载《华东师范大学学报(哲学社会科学版)》2018年第1期)一文,从伦理与道德的关系这一伦理学的元问题出发,是对如何讲清楚中国伦理学所做的方法论探索。

牟宗三志在接续中国文化生命,光大民族文化发展的慧命。"反省中华民族之生命,以重开中国哲学的途径"①,进而开掘中国哲学与儒学特质,展示生命之学面向,阐发主体性与道德性、本体与工夫融合的进路。冯契聚焦知识与智慧的关系问题,提出了奠基于广义认识论的"智慧说"理论体系,将理想人格如何培养作为认识论问题进行考察,提出了一个具有本体论意义的自由个性,是真善美与知情意统一的全面发展的人格。

李泽厚不仅对中国传统伦理学有独到思考,而且提出了富有启发性和前瞻性的新思路。李泽厚所讲的情本体进路,是一种世界眼光、人类的视角,而不是一种单纯的中国视角,但他又不离开中国传统来看世界。他接着康德的哲学三问,提出"人是什么? 人活着,如何活,为什么活,活着怎样?"的问题。康德哲学是其伦理思想的重要参照,他特别强调理性是主力、情感是助力,并希望能够找到一个更加紧密的情理结构,这种情理结构也是李泽厚建构中国伦理学的支点所在。"在我所有的思想和文章中,尽管不一定都直接说出,实际占据核心地位的,大概是所谓'转换性创造'的问题。这也就是有关中国何以能走出一条自己的现代化道路的问题,在经济上,在政治上,也在文化上。以中国如此庞大的国家和如此庞大的人口,如果真能走出一条既非过去的社会主义也非今日的资本主义的发展新路,其价值和意义将无可估量,将是对人类的最大贡献。……中国人文领域内的某些知识分子应该有责任想想这个问题。"②李泽厚在这里所呼唤的就是一种既具有中国特色,又具有世界普遍意义的中国伦理学。冯友兰、金岳霖、冯契着力探讨的是一种走向世界的中国哲学范式,李泽厚所要追问的是能否有一种中国伦理学。他们的核心关注都是"中国能否走出自己的现代化道路",可以说是从学理上对中国式现代化的一种哲学解释。

李泽厚所探究的中国伦理学出场方式,强调"中国传统的优长待传和缺失待补,以及如何传、如何补,正是'转化性创造'的关键"③。与"创造性转化"不同,李泽厚特别强调的是"转化性创造"。在他看来,"中国哲学是'生存的智慧'(如'度'的艺术),西方哲学是'思辨的智慧'(如 being 的追寻)。中西哲学各有优长和缺失,十多亿人口和五千年未断的历史是前者的见证,迅猛发展的高科技和现代自由生活是后者的见证,各有优长和缺失"④。中国伦理学的再出场,需要容纳中国的生存智慧和西方的思辨智慧。如何"优长待传"和"缺失待补",李泽厚的论述具有方法论的指引意义。他在《伦理学纲要》中强调,要"以孔子来消化康德、马克思和海德格尔,并希望这个方向对人类未来有所献益。作为中国传统哲学主干的伦理学,应予此有所贡献"⑤,点明了中国伦理学的发展前景。李泽厚的中国伦理学建构方案,正是建立在以情本论为基础的人类学历史本体论之上,并做了以下展开:第一,对伦理与道德做出明确区分;第二,将道德划分为宗教性道德和社会性道德;第三,提出道德结构三要素说,即意志、情感、观念。以"和谐高于正义"作为中国伦理学的建设目标,进而提出中华民族的生存智慧才是今日哲学最重要的依据。如何基于中华民族的生存智慧和当代社会生活,重建当代中国伦理学的学术形态、理论形态和观念形态,需要在世界哲学的视域下,引入新的思想资源和理论参照。近年来,斯洛特对中国古老的阴阳概念进行了创造性解读,将阴阳结构运用于西方认识论、伦理学、认知科学与心灵哲学,为沟通中西伦理传统提供了一个可资借鉴的范例。斯洛特指出,重启世界哲学之键,需要格外重视中国哲学的意义,重视对中国哲学中"心"概念的创造性抉发。⑥ 基于对西方启蒙理性的反思,斯洛特批评现代性启蒙过度张扬了人的自主性和理性控制性,严重忽视了启蒙价值的接应性(receptivity)维度,重视接应性即阴阳

① 蔡仁厚:《孔子的生命境界 儒学的反思与开展》,长春:吉林出版集团,2010年,第180页。
② 李泽厚:《伦理学纲要续篇》,北京:生活·读书·新知三联书店,2017年,第144页。
③ 李泽厚:《伦理学纲要》,《人类学历史本体论》,青岛:青岛出版社,2016年,第17页。
④ 同③。
⑤ 同③。
⑥ 迈克尔·斯洛特:《重启世界哲学的宣言:中国哲学的意义》,刘建芳、刘梁剑译,《学术月刊》2015年第5期,第36页。

和谐的价值结构,恰恰是中国哲学对世界哲学和人类文明的独特贡献。

　　建构面向未来的中国伦理学,需要理论形态的反省、方法论的自觉以及对时代的回应。唯有此才能使中国伦理学的建构兼具哲学性、中国性以及人类普遍意义。如果沿着开掘儒家伦理学中情感资源的路向,情感主义德性知识论将是一个富有前景的前沿领域。当代知识论的德性转向与美德伦理学的知识转向相生相成,借此路向来讨论未来中国伦理学的再出场问题,不仅可以更好地容纳历史的、理论的、实践的诉求,而且可以更好地面向未来,尤其是面对新兴科技对伦理学提出的挑战。

　　面向未来的中国伦理学构想,事实上提出了一种做中国伦理学的可能性,需要建立在对当下中国伦理学的整体判断与反省之上。面向未来的中国伦理学,大致有三个方面的诉求:第一,穿越历史丛林,摆脱述而不作的哲学史叙事。哲学史梳理是推陈出新的必要环节,但不能陷于其中的繁文缛节,丧失了哲学的批判反省意识。第二,超越现代道德哲学,避免过度理论化的陷阱。关于如何超越现代道德哲学的局限,安斯康姆、麦金泰尔和威廉斯已有深刻洞察。"眼下的道德哲学,尤其是(但不仅仅是)在英文世界,已经给道德性以某种过于狭窄的关注。……这种道德哲学倾向于把注意力集中到怎样做是正确的而不是怎样生存是善的,集中到界定责任的内容而不是善良生活的本性上。"[①]现代道德哲学关注"如何行动是正确的",而越来越远离了对良善生活的追寻。也正是在这个意义上,威廉斯批评说道德是一种奇特的建制[②]。第三,真正可行的未来伦理学的建构方式,就是要基于历史性、地域性的伦理知识向普遍化、哲学性的伦理学的提升。伦理学要回应现代社会的高度不确定性和高风险性,需要构建一种新的伦理知识范型,回归伦理学的实践智慧之道。儒家伦理学蕴藏着丰厚的伦理知识资源,正是中华民族对人类文明的独特贡献。因此,不能仅仅在二级学科的意义上来理解伦理学的本质属性,应该重新扩展伦理学的定义和使命,走向一种扎根中国大地的伦理学。我们要建构一种打通伦理学知识和生活世界的关联、回归伦理学的实践智慧之道,重建中国伦理学的知识体系,从而真正证成可以有一个中国伦理学。

　　伦理学在当今已成显学,来自社会生活的现实挑战与理论诉求,使其天然具有跨学科乃至超学科的面向。当代中国伦理学的转型创新,需要不断超越古今中西之争的藩篱,以时代和问题为导向,面向生活世界和人类未来。《人类简史》的作者、历史学家尤瓦尔·赫拉利曾指出,我们不仅仅在经历技术上的危机,我们也在经历哲学的危机。现代世界是建立在17—18世纪的关于人类能动性和个人自由意志等理念上的,但这些概念正在面临前所未有的挑战,意味着原有的伦理学框架需要做出颠覆性调整。第四次工业革命和信息文明带给我们空前的机遇与遭遇,应用伦理学的勃兴是伦理学范式转型的革命性变迁,伦理学不应是困在书斋里的学问,在回应新的时代问题以及人类新际遇带来的新挑战时,伦理学研究需要多向度地开掘中国传统伦理智慧。

　　未来的中国伦理学,必须从自身固有的问题意识出发,实现自我更新和自我转化。"本立而道生",只有从自身思想传统中"长"出来,中国伦理学的主体性才不会迷失。重思中国伦理学如何再出场的问题,就是自觉反思中国伦理学的话语建构,如何既回应人类生存的新际遇又扎根中国自身伦理传统,更好地服务于中国式现代化和人类文明新形态建构。中西伦理传统的深度互动,给我们提出了一个新问题——如何在全球一体化的世界哲学中,更好地挺立中国伦理学的主体性,重建中国人的生活世界和精神家园。一致百虑,殊途同归,中国伦理学与世界哲学相互融通,共生共荣。

四 、书写扎根中国大地的伦理学

　　创建扎根中国大地、具有中国气派和世界影响力的伦理学话语体系,已成为新时代的大问题。伦理学在秉承民族性、地域性、本土性的同时,又追问伦理道德判断的客观性、普遍性、科学性,它是集真、善、

---

① 　泰勒:《自我的根源》,韩震等译,南京:译林出版社,2012年,第9页。
② 　B. 威廉斯:《伦理学与哲学的限度》,陈嘉映译,北京:商务印书馆,第209页。

美为一体的可普遍化的知识价值学。在科学技术强势推进的当下,应用性学科如日中天,"伦理学何为"再度受到人们的质疑,伦理学的学科身份认同再次陷入了危机。同时,又在一定程度上存在着伦理秩序失衡,伦理知识体系支离,道德话语软弱无力,对社会现实缺少必要的解释力、感召力和回应能力。面对新时代、新问题,当代伦理学应该基于现实生活实践对善与正当进行重新解说。时代迫切需要实现伦理学话语体系的转型创新,从而以其深沉的实践智慧诠释人类文明进步的方向。伦理学话语体系的重建,关涉当代中国伦理学的转型与创新,是推进伦理学学科体系、学术体系、话语体系建设的重要组成部分。

自古以来,伦理学为人类的生存与发展提供善恶判断、伦理关怀和精神慰藉,具有不可替代的独特价值。首先,伦理学与我们的生活紧密相关。尽管伦理学作为一门学科是近代学术分化的产物,但是自人类产生之始,就有伦理观念。如先秦的人伦之理、宋明的格物之理;西方的人为之理、规范之理等等。从出生到死亡、从个体快乐到普遍幸福等人生无法回避的命题,伦理学都给出了其独特的诠释方式。其次,伦理学可以帮助我们思考生活(生命)的意义。自苏格拉底提出"未经反思的生活是不值得过的"①,到穆勒提出"宁愿做一个痛苦的苏格拉底,也不愿意做一只快乐的猪"②,人类对生活的意义与价值的探寻从未停止。正如休谟所言,意义与价值关涉主体的需要与满足,而不仅限于器物的改良与革新。由此,伦理学比器物之学更加有助于人类明晰并获取生活的意义感。再次,伦理学是用于维护人类命运共同体发展的"保养剂"。早在古希腊时期,柏拉图就提出我们对伦理的需求重于法律。法律是用来治病的,当一个人侵犯了他者,法律作为一剂"良药"会登场参与到该行为者的生活中。但是,无论是对于个人还是对于国家,仅有法律是不够的。一方面,法律的制定与改良具有滞后性,另一方面,法律不能参与到人类每一处日常生活与行为。从人的生命机体角度看,我们也深知"保养剂"重于"良药",保养得当就不必去看病。中国传统哲学凝聚着深厚的生生伦理智慧,崇尚"协和万邦""和而不同"理念,主张通过合作对话,增进民族互信;"视天下无一物非我"的仁者情怀和大心境界,可以有效减少地球"生病"的可能与频率,守护人类文明健康发展之道。

纵观西方伦理学主流学派的核心论争,由于西方二元论学说根深蒂固的影响,致使其在伦理学知识体系的诠释中,对整全人的身体与灵魂、理性与情感做出了分离式理解,对整全生活进行了碎片化诠释,这就导致了当代西方伦理学陷入了困境。当代西方著名伦理学家帕菲特、斯坎伦等人虽然力图进行一种融合式的尝试,但仍然是伦理理性主义的进路,未来伦理学需要在对中国传统资源进行新的诠释之后来推动伦理学的国际化发展。伦理学出于生活也应该回归于生活世界,因为伦理学本身就是关于我们如何过一种好的生活、如何做人做事的实践的研究。

伦理学建构发展的根本动力在于如何更好地回应时代需求、回归生活世界。新的时代呼唤新的建构,既要尊重伦理道德观念的地域性、本土性、民族性,又要注意时代普遍性与共识性。伦理学话语体系面向时代的重建,还可以理解为对某些既往伦理学的偏颇性做出修正。这是一种基于现实生活、世界发展需求的理论超越,而不是简单的否定以往的知识体系。既要关注作为知识形态之建构的普遍性,也要注重面向时代的具体化。伦理学知识体系除了要回答伦理学的基本问题,更重要的是它还必须能具体地回答时代的问题、应对时代的挑战,在对时代问题的具体回应中,建构具有鲜明时代特征的伦理学知识体系。经过改革开放四十余年的发展,中国特色社会主义建设已经进入了新时代。中国社会的主要矛盾已经从人民日益增长的物质文化需要同落后的社会生产之间的矛盾转化为人民日益增长的美好生活需要和不平衡不充分的发展之间的矛盾,这就要求中国伦理学必须回答美好生活以及不平衡不充分发展背后的伦理问题;新时代是朝着中华民族伟大复兴前进的新跨越,要有道路自信、理论自信、制度自信、文化自信,来共建人类命运共同体,这都要求伦理学知识体系的当代中国重建,真正体现中国特色社

① 柏拉图:《柏拉图对话集》,王太庆译,北京:商务印书馆,2019年,第52页。
② 约翰·穆勒:《功利主义》,徐大建译,北京:商务印书馆,2019年,第12页。

会主义建设的时代特色,体现中华民族的文化特色,能够参与国际社会的文明对话,为建构具有世界共识性和普遍性的伦理学知识体系贡献出中国智慧。

新时代伦理学话语体系建构要立足于中国特色社会主义和中国式现代化伟大实践之"原",此重建并不是完全的从头再来的理论重塑,更多的是在继承之前理论基础上进行新的创造、新的突破。其一,历史的突破。首要就是要清楚认识"五四"以来百年中国伦理学以及中国社会伦理精神、伦理观念的变迁,虽然改革开放以来,中国伦理学知识体系建设已经取得了较大的进步,但是总体上还存在着时代滞后性和鲜明的同质化,当代中国伦理学知识体系的重建首先就是对中国近现代以来伦理学知识体系已有建构的突破。其次就是准确把握中国传统伦理的精神,中国传统伦理的精神是中国伦理学根本的特色之所在,当代对中国传统伦理学的研究已经取得了十分丰硕的成果,中国传统伦理学的研究范式、研究视域都亟待更新,中国传统伦理学参与世界伦理学对话、回应时代问题的能力依然有待强化。其二,理论的突破。改革开放以来,中国伦理学发展迅速,但对伦理学基础理论的原创性贡献还显不足,未能真正凸显中国伦理学的理论潜力。此外,中国学界对伦理学的研究虽然不再局限于道德规范层面,但对价值论、人性论、制度伦理的研究还有待进一步深入;对应用伦理的研究还存在着把它看成是一般伦理学理论在具体领域内的运用,真正深入具体领域内部去建构具体学科内的伦理学应用理论还有待加强。

当代中国伦理话语的转型与创新,是彰显中国文明价值的重要标识。中国伦理学有着悠久丰厚的文化传统,曾经支撑起"道德中国"的伦理大厦,建构了中国人独特的精神世界。思考当今中国伦理学知识体系如何重建,首要工作是重构中国伦理学书写和研究的理论范式,其重构根基就在于对中国伦理学的思想原点、元问题、元概念的认知和分析。中国伦理学的思想原点,不仅在于儒家以"学以成人"为中心的人格理想,而且内蕴于道家深沉的生存伦理智慧。我们需要理清中国伦理学的元问题,如"道德与伦理之辨""群己之辨""义利之辨""理欲之辨""性情之辨"等一系列论题、概念、范畴。中国伦理学对这些问题的回答不是一种完全概念式的表达,需要在概念的互参中获得新的理解和呈现,需要运用概念史的方法,通过思想史的还原来解读相关术语、语词链、观念簇及其证成方式。当代中国伦理话语的创建,需要深刻理解中国传统伦理话语的精神特质。中国传统伦理话语有其独特的学说内涵,独特的运思方式、认知方式和叙事方式,有其自身特有的一套概念、范畴的话语符号系统。伦理学知识体系的当代重建,重在发掘中华民族的伦理思想传统,揭示中国新型伦理话语建构的历史成因和文化资源;梳理百年来伦理思想家的经验,探讨中国伦理话语建设路径,切实创建富有中国气象的伦理话语;考察中国伦理关键术语的创建和话语形态创新,阐述中国新型伦理学知识体系的内涵特质;引入实践智慧这一新的视角来研究中国伦理学知识体系建构,进一步拓展伦理学建设的理论空间和可能前景。这些都有助于弘扬中华伦理精神,更好地推进对中国伦理文化观念的认同与接受。

当代中国伦理学的建构,不仅是一个紧迫而重大的学术命题,而且是"中国现代性"中最紧要的现实问题之一,具有重大的应用价值和社会意义。活的伦理话语应该扎根于当代社会生活,打通观念世界与生活世界,才是创建中国伦理学知识体系的"源头活水"。从观念世界的层面看,伦理关涉"为何知""何为知""如何知"的实践智慧之知;从生活世界的层面,伦理关涉"为何行""何为行""如何行"的实践智慧之行。如何基于实践智慧将知行内化为一体,尤其是在当今面对个体善与公共善、个体权利与公共义务相分离甚至相对立的时代,伦理学要将观念世界和生活世界统一起来,在社会实践中发挥价值引领作用。伦理学属于实践哲学,是旨在为建构良好的人伦秩序和社会公共秩序提供价值原则和基本规范的学问。伦理学知识的核心,即善或正当概念的日用意义,是从人们关于善的生活的观念和关于有德性的活动的观念中逐步地、历史地分离出来,并在日常意识中沉淀下来的。而且每一个时代都有特定时代的主要矛盾和中心问题,伦理学要直面生活世界,更好地回应生活世界,回应时代的核心议题,就应该致力于解决时代的主要矛盾和中心问题的挑战。尤其是面对这样一个日益多元化的社会,技术、经济、环境等领域暴露出的伦理问题越来越多,而旧的伦理框架已难以适应新领域诉求,无力解释实践提出的新问题,无法提供合理价值理念的引领,这都要求伦理学知识体系及时发展更新。面对当代人工智能与生命科技的挑战,在"机器向人生成"与"人向机器生成"的双重境遇中,回应人类和类人类(AI)如何相处以及如何持守人的价值与尊严问题,都需要重构和创新当代中国的伦理学知识体系。

建构中国伦理话语,更好地参与世界伦理对话。习近平总书记在哲学社会科学工作座谈会上的讲话指出:"发挥我国哲学社会科学作用,要注意加强话语体系建设。在解读中国实践、构建中国理论上,……要善于提炼标识性概念,打造易于为国际社会所理解和接受的新概念、新范畴、新表述,引导国际学术界展开研究和讨论。"①伦理学知识体系的当代中国重建,需要结合新的时代特点,诠释中国伦理精神特质,彰显中国伦理话语的主体地位。在当今世界学术格局中,中国伦理话语尚未充分呈现出自身的特点和魅力,没有发挥出应有的作用和影响力。在日益复杂的全球化背景下,如何更好地不忘本来,学习外来,书写有时代感和生命力的当代中国伦理学,让中国伦理学更好地参与世界文明的伦理对话,是一项重要而紧迫的现实任务。

当今世界正面临百年未有之大变局,中华民族迈入了伟大复兴的新时代。中国式现代化与人类文明新形态建构,需要探索具有现实解释力和价值规约力的新伦理学范型。在人类文明的新起点上,以马克思主义基本原理为指导,推进中国伦理传统的创造性转化和创新性发展,深刻阐发中华民族现代文明的伦理精神,会通古今,熔铸中西,才能形塑面向生活世界、植根人类命运共同体和当代中国实践的伦理学话语体系。

---

① 习近平:《在哲学社会科学工作座谈会上的讲话》,北京:人民出版社,2016年,第24页。

哲学、公共生活与行最大之善

——访彼得·辛格教授

受访人: 彼得·辛格(Peter Singer),普林斯顿大学 Ira W. DeCamp 生命伦理学荣休教授,新加坡国立大学生命伦理学客座教授,墨尔本大学荣誉教授。他曾担任国际伦理学学会主席,被誉为"世界上最有影响力的在世哲学家",是世界动物保护运动的倡导者,国际著名生命伦理学期刊 *Bioethics* 创刊人。

采访人: 孙逸凡,东南大学人文学院哲学与科学系讲师,主要研究领域为伦理学与政治哲学。

2024 年 10 月 24 日和 25 日,普林斯顿大学荣休教授、享有盛誉的国际知名生命伦理学家彼得·辛格到访东南大学,为东南大学的师生们带来了一场精彩的关于动物伦理的学术讲座,并就全球生命伦理学中的关键议题和师生们展开了深入的讨论与交流。为了向中国学者分享辛格教授对于哲学与公共生活的思考,进一步了解辛格教授的伦理学思想以及公共关切,2024 年 10 月 25 日,我们在东南大学九龙湖校区秉文书院与辛格教授进行了一场访谈。

孙逸凡: 我们都知道,作为一位有影响力的公共哲学家,您在公共领域取得了杰出的成就。但是从我的角度来看,如果我们考察作为一个整体的哲学共同体,我们能看到哲学似乎有一种越来越和公共生活隔绝的倾向。即便是在伦理学的领域,我们也能看到哲学似乎正在逐渐失去对公共讨论的影响。您认为哲学家们能够做些什么来更好地和公众建立联系?我们如何能够以一种对更广泛的读者来说更容易理解的方式来做哲学?

Peter Singer: 我不知道在中国,哲学在公共生活中的位置是什么样的。但是在西方,我认为哲学发展的方向和你所说的是相反的。当我去牛津大学读研究生,开始做哲学的时候,哲学并不怎么介入公共生活。有一两个哲学家,例如罗素,会介入公共生活,但罗素实际上是把他的哲学和他的公共活动分开的。我认为在我的生涯中,哲学在西方和过去相比更多地介入了公共生活,因为有更多哲学家正在从事应用伦理学的研究。他们为报纸撰写文章,也撰写自己的博客。所以我认为和过去相比,如今的公共生活中有更多哲学的元素参与和介入。当然,我认为这是好事。

但你问到他们还能再多做些什么,我想答案是再做更多我前面说过的事情:不要仅仅只面向哲学系中你的同行们写作哲学。当然,面向你的同行们写作哲学本身是一件好事。尤其当你是一位资历尚浅的哲学从业者,需要发展自己的职业生涯的时候,以这种方式进行哲学写作对于在好的学术期刊上发表作品来说是至关重要的。但你也要考虑在更多的公共媒体上进行写作和发言。如今在公共媒体上写作和发言的机会是相当之多的。报纸上的一些观点文章可以产生巨大的影响,对大报、国家级的报纸而言尤其如此。另外,我认为如果你能在社交媒体上发展一批关注者,这也很有用。如今还有许多有着庞大听众群体的哲学播客,他们的听众的范围已经超出了学者群体,这也是对公共生活施加影响的好方式。我也认为有效利他主义运动(the Effective Altruism Movement)尤其让哲学从业者接触到了很多哲学行业以外的人,围绕着有效利他主义,如何利用你的资源行最大的善,也有非常活跃的讨论,这也很重要。当然,在生命伦理学议题和相关问题的决策上,哲学也有广泛的参与。

孙逸凡:一些人认为如果我们要为公众写作哲学,那么我们必须牺牲学术的严谨和深度。您认为我们可以在易懂性与学术的严谨和深度之间取得平衡吗?

Peter Singer:我同意你得用不同的方式面向不同的读者写作。你当然不可能给报纸写一篇 20 页的论文,所以你确实得牺牲一些深度和细节。我不确定是否有必要牺牲学术的严谨。你或许没法把论证中所有的环节都填进去,但我认为你得注意确保你说的仍然准确且符合事实。你所表达的可能没有学术写作中那么多的细节,但你要准备好捍卫你所说的内容。如果我不能在更加具有学术背景的观众挑战我的时候捍卫某些主张,那么我也试着从不对一般公众提出这些主张。

孙逸凡:您认为在做一名哲学家和做一名活动家(activist)之间存在张力吗? 您如何看待这两个角色之间的关系? 它们似乎要求截然不同的能力和技巧。做哲学家和智性的追求有关,而做活动家则是给世界带来可见的改变。您是否在这两个角色间感到过张力,您又是如何处理的?

Peter Singer:它们是有点不同,不过我也认为它们有共同点:在这两个角色中,你都在尝试论证某个特定的立场。以我关于动物的论证为例,或者以我在《饥饿、富裕与道德》中关于人们应当如何帮助贫困人口的论证为例,我认为它们都很好地传达给了一般公众。当面向一般公众谈论动物的时候,我可能会给出更多关于工厂化养殖场中动物处境的细节,而那些或许更加关心动物的道德地位以及动物为什么有特定道德地位的哲学家对这些细节则没那么大兴趣。但是在两种情形中,我都在试图提出论证以说服人们某些事情是不对的且应当被改变。这其中有张力吗? 有些时候会有张力。作为一个活动家,你或许倾向于不向一般公众说那些可能削弱你的论据的内容,所以你倾向于省略你论证中的不确定之处或者省略某些可能的反对意见。当面向学术背景的读者写作的时候,你就需要指出那些反对意见是什么,并说出你将如何回应那些反对意见。所以有时候这两个角色之间是有点张力。不过,只要篇幅允许且读者的背景让他们能够理解相关的论证,我就会试着对公众提出我能提出的最客观的论证。

孙逸凡:您认为道德哲学家在公共生活中扮演的角色应该是什么样的? 您似乎认为道德哲学家应当主要关注挑战一般人那些未经审视的道德信念,并试图提出一些革命性的道德理念。但有一些哲学家倾向于更加保守的态度,他们更关注如何澄清我们已经共享的道德价值。您会对这些哲学家说些什么?

Peter Singer:我认为对哲学家来说,这些都是完全合理的哲学活动。如你所说,我对许多我们持有的传统观念抱有批判态度,所以我提出了那些批判性的论证。但如果有更加保守的哲学家想要澄清和捍卫我们已经持有的价值观念,那也是很好的哲学活动。我或许会不同意他们的观点,但我不会质疑他们所做的事情的价值。这是我们提升辩论质量的方式。我认为哲学家进入公共领域后能做的事情之一就是提升讨论的水准。所以,即便我不同意一些人的观点,我也想做这件事。在莫纳什大学以及特别是在普林斯顿教书时,当我讨论有争议的议题,而我的观点属于争论中某一方的时候,我会请来一位能够参与高水准讨论的反对者。例如在美国讨论非常有争议的堕胎问题时,我会请来某个反对堕胎,但是能够很好地提出反对堕胎的论证的人。这不是某个只会遵循某种宗教教义的人,而是某个能给出一些论证,并认为这些论证应当对没有宗教信仰的人也有说服力的人。这样学生们就能看到这是一个可以被讨论,而且可以在很高的水准以一定程度的严谨性被讨论的议题,而不只是一个我们只能在其中大声辱骂彼此的议题,而这种大声辱骂彼此的现象正是在美国讨论堕胎议题时常常发生的事情。

孙逸凡:我相信当您试图提出一些有争议的道德主张的时候,您会遇到一些质疑道德哲学家的权威的人。他们或许会说,如果道德哲学家提出了过于有争议的主张,那么我们就不应该信任他们。您如何能够让这些人相信您的道德观点是值得信赖的? 您是否认为即使在大多数人都反对哲学家的情况下,哲学家在认识道德真理这件事上也处于更有利的位置?

Peter Singer:首先,其实我并不想要人们接受我或者其他哲学家的"权威",我不想要他们"信任"我。我想要他们审视我的论证并且看看他们认为这些论证是对是错。如果他们认为这些论证是错的,说出他们认为错在哪儿,以便让我知道他们的反对意见是什么,然后我就能够尝试回应他们的反对意见。所以这里的问题其实和"权威"无关。如果一般公众认为哲学家有一些有争议的观点,那么他们应该尝试说出为什么他们认为这些观点是错的。我很不喜欢,但有时会发生的事情是,有人只是说"你的结论是我们不应该吃动物,但我知道这个结论很蠢。我会继续吃动物,我不会听你的。"但这并不是一个论证,对吗? 这只是意味着他们不喜欢这个结论。我想要他们聚焦于论证,并指出为什么论证是错的,而不只是拒绝结论。

孙逸凡:您是否愿意谈谈您为什么创立了《争议观念期刊》(*Journal of Controversial Ideas*)? 您创立这一期刊的理由是什么?

Peter Singer:做这件事的理由是我和这本期刊的其他编辑都感到,在西方国家能够在学术生活中以可接受的方式被提出的观念的范围正在变得越来越狭窄。某些特定的观念变得不可接受了。学术期刊不会发表捍卫这些观念的文章。有时候写文章捍卫这些观念的学者收到了许多辱骂甚至人身威胁;有时候他们感到由于发表了某些有争议的内容,他们可能损害了自己的职业生涯前途,对于年轻的,没有拿到终身教职的学者来说尤其如此。因此,我们认为,为了确保无论多有争议的观念只要经充分论证都能够被发表,我们会创立一个学术期刊,这个期刊仍然有通常的同行评审制度,所以对于文章是否可发表仍然保持高标准,但不会仅仅因为一个观念有争议就拒绝发表它。如果作者担忧他们的职业生涯,或者担忧收到辱骂甚至人身威胁,他们可以用化名发表,从而让读者不知道作者是谁。如果我们担忧的问题不复存在,任何人都可以在任何期刊上用真名发表内容,那么我们会很高兴。不过到目前为止,这个问题仍然存在,所以迄今为止我们已经出版这本期刊大概三年了,而且我认为这本期刊仍然有它的用武之地。我们仍然收到很多文章投稿,其中的一些不能在其他地方发表很显然是由于政治原因,而不是因为论证缺乏优点。所以我认为我们在让争论保持开放并允许不同观念被发表这件事上发挥着有益的作用。

孙逸凡:我想许多人会认为提出有争议的道德主张有时会带来负面的影响。您认为当决定是否要提出一个有争议的道德主张的时候,有哪些因素需要被纳入考虑? 您是否认为基于学术自由的考虑有时会被别的考虑压倒?

Peter Singer:我可以想象提出有争议的道德主张会有负面的影响。许多年前,一本美国杂志发表了一篇关于如何制造核弹的文章,引发了争议。我们不会发表这样的文章。发表它的理由很显然被别的考虑压倒了,因为我们并不想传播关于大规模杀伤性武器的知识。但总的来说,我们捍卫一个同样被约翰·斯图尔特·密尔捍卫的理念,那就是自由的思想和讨论是一种重要之善,它是一种发现真理的方式。如果你阻止某些观念被发表出来,那么你基本上就是把你自己持有的观点变成了一个你不允许其被挑战的教条。我们并不认为这是一种从长远来看有助于我们取得进步的好方式。

孙逸凡:让我们来聊聊功利主义吧。我们都知道您一向支持伦理思考的功利主义进路,但我们也知道有时候功利主义要求我们接受非常有争议且反直觉的道德主张。您是否认为我们所有的非功利主义的道德直觉,例如义务论式的直觉,都是错误的? 您会对那些因为您信奉功利主义而拒绝您的观点的人说些什么?

Peter Singer:义务论式的直觉在日常生活的大多数情形中可能是有用的。当人们有例如"我应当诚实并且说真话"这样的直觉的时候,这并不是坏事,因为如果某人问了你一个简单的问题,通常情况下说真话就是最好的回答。你没法总是先计算后果再行动。因此,对这个问题直觉性的反应就应该是"你问了我某事,而我告诉你据我所知的真实情况是什么"。但是,如果义务论直觉变得更绝对,并且主张说"无论情况如何,你必须总是说真话",那么我认为这是错误的。事实上,在说真话这个特定的例子里,我认为大多数人的直觉并不是绝对的。大多数人会承认有时说谎是合理的。康德表达过一个著名的观点:不要对那个追问你受害者在哪儿的杀手说谎。我不知道这对康德来说是一个直觉还是从他的绝对命令中的演绎,但我认为这个判断显然是错的。所以人们应当持有他们的义务论式的直觉,但是人们要理解这些直觉只适用于通常的日常生活,而或许有一些例外的情形,在其中他们不应当被这些直觉引导,因为那样做的后果可能是灾难性的。

孙逸凡:所以您仍然认为功利主义原则是根本上正确的道德原则,但有些时候我们应该出于实用的理由采纳义务论式的态度,是吗?

Peter Singer:是的,这就是我的意思。

孙逸凡:许多人认为被功利主义原则引导的生活过于严苛。这种严苛性让他们认为过一种功利主义的生活并不是一个可行的选项,因为它是一般人所力不能及的。您认为这是一个反对功利主义的理由吗? 又或者您认为这只是反映了人性中一个应当被克服的弱点?

Peter Singer:我认为这反映了人性中的一个弱点,或者说这反映了和我们的祖先相比,我们的处境发生的一个变化。在我们这个物种的进化史的大多数阶段,我们生活在小规模的社会中,且没法用任何方式去帮助那个小社会以外的任何人,而如今我们有机会去帮助离我们很遥远的陌生人。我认为抗拒功利主义的严苛要求是人性中的一个弱点,如果你想这么表达的话。我想说的另一点是,虽然我确实认为功利主义很严苛,但我认为功利主义者可以区分"某人是否做了错事"和"某人是否应该因为做了错事而被责备"。假定你衣食无忧,但不是一个大富豪,而且你把自己收入的10%捐给了一个有效的慈善机构,某人可能会对你说:"根据功利主义,你还可以捐得更多。你还可以把自己30%的收入捐给一个有效的慈善机构。"在某种意义上,捐收入的10%是错的,因为你没有行你能力范围内的最大之善。但在另一方面,让我们假设社会中大多数人只捐了1%,你比大多数人捐得都多得多,所以你不应当因为没有捐献全部而被责备。相反,你应当被赞扬,因为你在提高行善标准并且比大多数人行的善都更多。

孙逸凡:对于我们,作为个体能够做些什么从而让这个世界变得更美好,您有什么一般性的建议吗? 我指一些关于我们可以立刻在日常生活中开始做的事情的建议。

Peter Singer:我们有很多事可以做。像我在《动物解放》的旧版本和新版本中所主张的那样,我认为我们应该停止支持工厂化养殖场以及停止对于动物的虐待,而这在实践中意味着我们应该成为素食主义者或者严格素食者。你或许能找到一些不来自工厂化养殖场的动物产品,这取决于你生活在哪里。但我认为最好直接就决定不吃这些动物产品,因为这些产品中有相当多都来自可怕的工厂化养殖场。当然,你还可以加入那些正在致力于改善这一状况的组织机构,这是我们能做的事情之一。我也谈论过帮助贫困人口。对于我和其他生活在西方国家的人来说,这意味着我们通常要捐款给,例如,帮助撒哈拉沙漠以南低收入国家人群的慈善组织。不过,我知道在中国这件事没那么容易做到,所以问题在于你能找到哪些在中国运作,能够帮助到相对贫困的人群,又或者能够保护环境和生态系统的其他慈善组织。第三个我认为人们应该认真考虑的事业是应对气候变化。首先,我们应该认真思考我们能做些什么去激励我们的政府在气候变化问题上采取强有力的行动;其次,我们应该思考我们自己的生活方式,考虑我们是否制造了太多不必要的温室气体排放。

孙逸凡:关于如何做好的研究以及如何成为像您一样有公共影响力的哲学家,您对中国研究生命伦理学的哲学从业者们有什么建议吗?

Peter Singer:中国的哲学从业者们有很多有趣且重要的生命伦理学问题可以研究。我认为中国的生命伦理学者可以审视的事情之一是关于在研究中使用动物的指导方针。我认为在中国有许多本不应该进行的涉及动物的实验。当然,其他国家也存在这个问题,我并不是在特别针对中国。但我认为相关的伦理标准应该被提高。很显然,贺建奎事件之后,在中国也有关于对人类胚胎进行基因改造的各种疑问。那些也是很有趣的问题。我不是说我们永远不该这么做,但我认为我们要用恰当的方式做这件事。我认为这个领域最初的研究应该在那些致命或近乎致命的遗传性疾病上进行,所以我认为把基因改造用在抵御艾滋病上是错误的。那些孩子或许本来就不会感染艾滋病,而且艾滋病是可以用药物控制的。但在其他情况下,例如在泰伊-萨克斯二氏病(Tay-Sachs disease)这种不可避免会在较短时间内导致死亡的情形中,你或许就可以尝试进行基因改造。这种情况下我们可以在做人类基因改造实验的同时减少造成伤害的风险。医疗保健资源的分配和公共卫生问题也很重要。我认为在中国存在的一个公共卫生问题是缺少对人口中大多数人的免费健康覆盖。中国应当有更好的健康覆盖,从而使得你能获得的医疗服务不取决于你有多富裕。我对中国的这一状况感到惊讶,所以我想这是一个中国研究生命伦理的学者可以讨论的有趣议题。另一个我感兴趣的问题是临终决定。如今许多国家都合法化了某种形式的协助死亡(assisted dying)。我知道在中国有一些关于这个问题的讨论,我认为对于生命伦理学者来说这也是个值得讨论的好议题。

关于如何成为一名有公共影响力的哲学家,像我在访谈开头所说的,你必须面向一般公众发言。我认为另一个帮助我获得了公共影响力的策略是试着用非常清晰且不要求相关领域背景知识的方式写作,不要使用晦涩难懂的、只有已经从事这个领域研究的人才能理解的行话。写下初稿,看一看,然后问问自己:"如果有一个没有我的背景知识,来自截然不同的领域的哲学圈外人对我的写作有兴趣,他能理解我写的内容吗?"如果圈外人不能理解,那么就检查并重写你的文章,让文章变得更清楚易懂,使用更简单和直接的语言。我认为这样做十分重要。

孙逸凡总结:如何在抽象的哲学思辨和对公共生活的关怀之间架起桥梁?对许多哲学从业者来说,这都是一个难题。在伦理学这样一个天然就带有公共面向的领域中,我们更加应该探索把伦理思考转化为改变世界之力量的正确之道。以哲学来关切公共生活是一项重要的事业,而在从事这一事业的人中,彼得·辛格教授无疑是当代最杰出的表率。他以自己清晰、严谨、睿智的哲学思考启迪和激励了无数想要在公共生活中行善的人们,并凭借观念的力量为消除世上的苦难和增进世间的福祉作出了杰出的贡献。在这一点上,他无愧于"世界上最有影响力的在世哲学家"这一赞誉。

民生、经济增长与社会伦理

董维真 *

摘 要：近几十年来，中国的经济发展取得了举世瞩目的巨大成功。然而，并非所有的中国公民都从中分享到了相同的果实；尤其是因为有关政策，有的社会群体获得了比其他群体更多的利益。就中国而言，疫情之后是一个增加国内投资和解决一些长期积压社会问题的大好时机，比如地区间发展不平衡、人群间收入差别，以及完善各社会保障和公共服务针对不同人群所存在的政策差异。新的经济增长与社会公正并进的可持续发展方式，定能解决影响百姓向心力的不平等问题，提高弱势群体的生活质量和达到基于共同富裕的可持续的伦理社会。

关键词：经济增长动力；生活质量；老年人；农村进城务工人员；农村居民；经济发展；社会公正

本文利用中国人民银行近期的调查结果（2020年）和其他相关数据，探讨中国可以在哪些领域找到新的经济增长动力，特别是在那些可以减少社会经济不平等的领域。本研究将阐述中国可以重点改善人民生活质量的方面。具体来说，它确定了人口的需求，尤其是人口基数高的弱势群体的需求，其中包括：2.907 7 亿农村进城务工人员需要工作保障和享受社会福利及公共服务，2.538 8 亿老年人需要提高生活质量和享受必要的服务，还有 5.516 2 亿农村居民需要社会保障和享受基本公共服务。虽然这些人群的人口数有部分相互重合，但还是十分可观的和难以忽略的——约为全国公民数的一半。这些人群的需求至今仍有待进一步满足，其部分原因是过去几十年来以出口为导向的增长模式和政府再分配机制的缺失，导致人群和地区之间的差距不断扩大。

一、中国社会发展中仍然存在的一些问题

1. 社会经济差异

中国近几十年的经济增长并没有使所有阶层的人群平等受益，或以同样的速度获利。本来担当社会资源再分配的社会政策还制度性地保障了收入差距的扩大和社会福利可及性不平等的大幅增加（Jain-Chandra et al.，2018；Dong & Le，2019）。根据刘欣的观点，当今中国有十六个阶级位置和 7 类收入阶层。这七类收入阶层是"支配阶层""新中上阶层""新中下阶层""小企业主和个体户""技术工人""非技术工人"以及"农民"；其中，农民处于最底层，因为他们的收入占比较低而且可获得的社会福利很有限（Liu，2020）。

城市中的不平等现象也较为严重。2020 年 30 个省（包括自治区、直辖市）3.11 万户城市家庭资产负债情况的调查结果显示，家庭资产集中度较高，财富更多集中在少数家庭（中国人民银行，2020）。从

* 作者简介：董维真，加拿大滑铁卢大学终身教授，加拿大多伦多大学社会学博士，曾任加拿大健康研究院纪念鲁道夫·魏尔啸博士后研究员、多伦多大学蒙克全球事务学院资深研究员、加拿大国际发展署的健康项目咨询专家。主要研究领域为公共健康、养老照顾体系、社会政策等，在滑铁卢大学长期教授社会政策分析、健康社会学、比较医疗体制、定量研究方法等课程。

表 1 可以看出,在 6 个组别中,资产拥有量最低的 20% 家庭占调查家庭总资产的 2.6%,最高的 20% 家庭拥有的资产占总资产的 63.0%,其中,最高的 10% 家庭的总资产占所有家庭总资产的近一半 (47.5%)。事实上,最高的 10% 家庭的平均资产账户总额是最低 20% 家庭的 36.51 倍。

这项调查令人信服地显示了中国严重的社会经济阶层分化。由于不同社会群体获得不同的社会资源和福利,不同的社会群体最终处在了不同的家庭资产水平上。图 1 鲜明地告诉我们,教育和职业是决定家庭资产账户的关键因素。那些获得最高学历(硕士及以上)和占据管理职位(换言之,拥有社会资源)的户主是所有被调查家庭户主中最有特权的群体,他们更有可能拥有一套以上的住房。

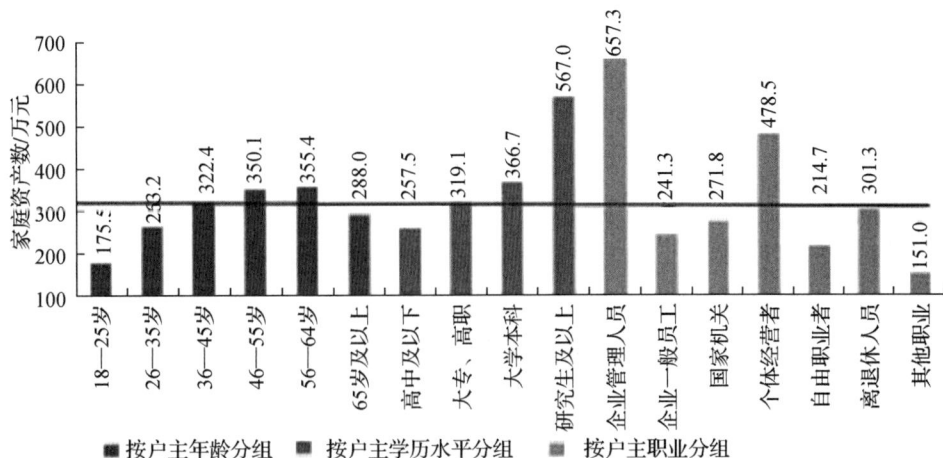

图 1　按户主的年龄、教育和职业划分的家庭资产数
来源:中国人民银行,2020 年

调查数据显示,城镇居民家庭的住房拥有率为 96.0%,拥有 1 套住房、2 套住房、3 套住房的家庭比例分别为 58.4%、31.0%、10.5%(中国人民银行,2020)。不足为奇的是,拥有三套以上房产的家庭比例(10.5%)恰好与占参与调查家庭总资产近一半(47.5%)的家庭(10%)几乎一致。同时,由于中国的城乡二元体制,一大批没有本地户口的城市居民——农村进城务工人员及其家庭的房产拥有率不到 1%。

2. 收入不平等和债务负担

近几十年来,收入差距一直是中国的主要社会问题,目前还没有有效的政策措施来缩小差距(Dong & Le,2019)。这反映在中国的高基尼系数上。传统观点认为,一个国家的基尼系数应该尽可能低,因为它表明了收入公平性。该系数达到 0.4 被认为是一个令人担忧的不平等水平。然而,中国的基尼系数多年来一直远高于 0.40。图 2 显示,2017 年是 0.467。Xie 和 Zhou 的研究(2014)指出:近年来中国的收入不平等达到了非常高的水平,2010 年前后的基尼系数已远高于 0.50,无论是从中国过去的角度,还是与其他处于类似经济发展阶段的国家相比,都算是很高的。其次,中国收入不平等程度高,相当一部分原因是两种结构性力量在起作用:地区差别和城乡差别。

表 1　家庭资产分布

资产组	平均资产/元	占总资产的比例/%
0—20%	414 000	2.6
20%—40%	993 000	6.2
40%—60%	1 644 000	10.3
60%—80%	2 824 000	17.8
80%—90%	4 933 000	15.5
90%—100%	15 115 000	47.5

来源:中国人民银行,2020 年

中国人民银行的调查(2020年)显示,56.5%的参与调查的家庭负有债务。在这些家庭中,76.8%有房贷,其平均欠款额为38.9万元,占家庭总债务的75.9%。社会上的贫富差距还表现在家庭债务水平上。表2显示,在当今中国,许多家庭的住房负担仍然较重。其中约有四分之一(24.8%)的负债家庭的借钱原因是为了日常消费。总之,最近的调查结果表明,中国至少有四分之一的城镇居民仍然生活困难。

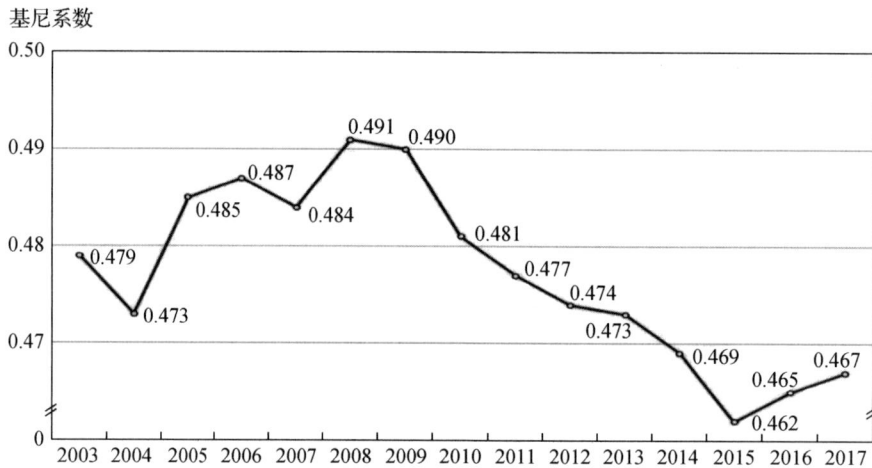

图2　中国的基尼系数
来源:中国联合国儿童基金会《2018年中国儿童社会指标图集》

表2　家庭债务

债务项目	家庭/%
购买房屋贷款	75.9
日常生活消费	24.8
购买车或停车位	12.8
家庭装修或购买家电	9.6
企业经营	9.3
教育投入	9
医疗服务	3.9
投资	2.3

来源:中国人民银行,2020年

3. 社会保障和社会福利的差距

尽管中国近几十年来反复进行了多轮的医疗体制改革,但公众的满意度仍有待提升,不够完善的制度也一直在影响医患和其他相关关系。不同的社会群体被安排设计有不同的医疗保险计划(The Lancet,2014;Zhang et al,2016;Dong et al,2019a),最近的中国城市调查发现,约有4%的家庭需要为家庭成员的就医借钱(见表2)。而在农村地区,新型农村合作医疗是政府和农村居民自愿分担费用的项目,它覆盖的只是一部分住院服务,这当然是远远不够的(Li et al,2012;Zhang et al.,2016;Dong et al.,2019)。

这种社会福利差距不仅存在于医疗保险计划中,养老金也是如此。例如,从企业和公共事业机构退休的老人领取的养老金水平就有很大的不同,而城乡居民之间的社会保障获得差距也较大。新建立的农村养老金项目尚有待深化改进。最近的一项研究表明,那些参加了养老金计划的人每月只能获得少量的补贴(不到100元),而且与没有参加的同龄人相比,它对这些老年人的自评健康或整体幸福感没有多大影响(Dong,2019)。

2020 年 2 月 15 日出台的《中共中央、国务院关于深化医疗保障制度改革的意见》,旨在"推进多层次医疗保障体系建设"。包括"完善和规范居民大病保险、职工大额医疗费用补助、公务员医疗补助及企业补充医疗保险""加快发展商业健康保险"。任何医疗保障和社会保障制度的改善都应该受到欢迎,但通过社会政策强制实行社会人群经济阶层分隔的趋势应该得以调整。中国在新冠期间的医疗经验呼吁建立全民医疗保障计划。这样的制度将促进人口健康,改善医生与病人和家庭的关系,促进社会团结。一旦公民们不再面临经济不确定性的后顾之忧,也自然会提高消费能力,促进国民经济发展。

4. 区域发展差距

中国的地区差距很大,其中包括:农村与城市、西部与东部地区、沿海与内陆地区。目前的实际情况是,东部地区的富裕程度明显高于其他地区。例如,2019 年,东部地区的户均资产为 461 万元,分别比中部、西部和东北地区高出 197.5 万元、253.4 万元和 296 万元(中国人民银行,2020)。投资相对贫困地区是缩小这种差距的机会,也将有助于改善相对贫困地区居民的生活条件,并在城市周围建成更多的卫星城以进一步推进城市化。

中国城市不同地方的平均家庭资产总额呈现出严重的地区差异(见图 3)。虽然大部分资产账户与住房价格有关,但其中也有很大一部分与收入(包括工资)有关。例如,欠发达地区往往房价较低,工资较低。总的来说,各省家庭资产分布差异较大,经济较发达省份的家庭资产水平较高。东北地区家庭平均总资产排名最低,仅占东部地区家庭总资产的三分之一左右。家庭资产最高和最低的三个地区分别是北京、上海、江苏和新疆、吉林与甘肃。事实上,北京和新疆的家庭平均总资产之比约为 7:1。调查数据显示,有 792 户家庭的总资产低于 10 万元,而资产负债率为 30.7%。在这些家庭中,有 106 户的资产负债率超过了 100%。这些贫困户的户主从事的职业往往没有稳定收入(中国人民银行,2020)。

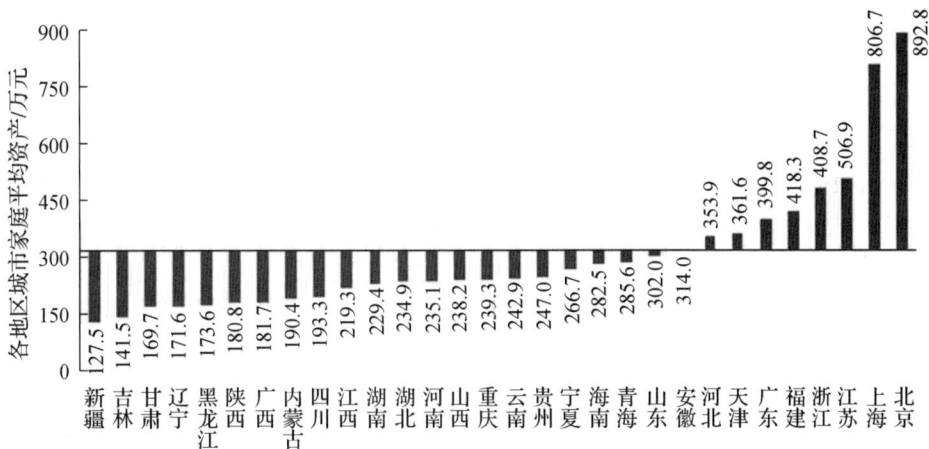

图 3　各地区城市家庭平均资产
来源:中国人民银行,2020 年

高度不平等社会的经济发展是不可持续的。对中国来说,缩小城乡、东西部和人群间的贫富差距是个非常急迫的任务。图 4 为城乡居民人均可支配收入差距。虽然自 1990 年以来,农村居民的人均可支配收入一直在增加,但城市居民的人均可支配收入却以更快的速度在增长。此外,由于缺乏有效可靠的社会保障计划或坚实的安全网,医疗和养老成本的不确定性导致了私人储蓄的上升(Zhang et al,2016)。因此,国民的私人储蓄率非常高,这是消费支出增长的一大障碍(Zhang et al,2018)。有些人特别地感到不安,因为他们在收入分配和获得社会保障方面被忽视了。农村进城务工人员及其家属,老年人、农村居民是这些群体中人口数最大的。改善这些人群的生活条件的战略必将创造就业机会和激发这些弱势群体的活力,并确保中国经济的长期健康发展。

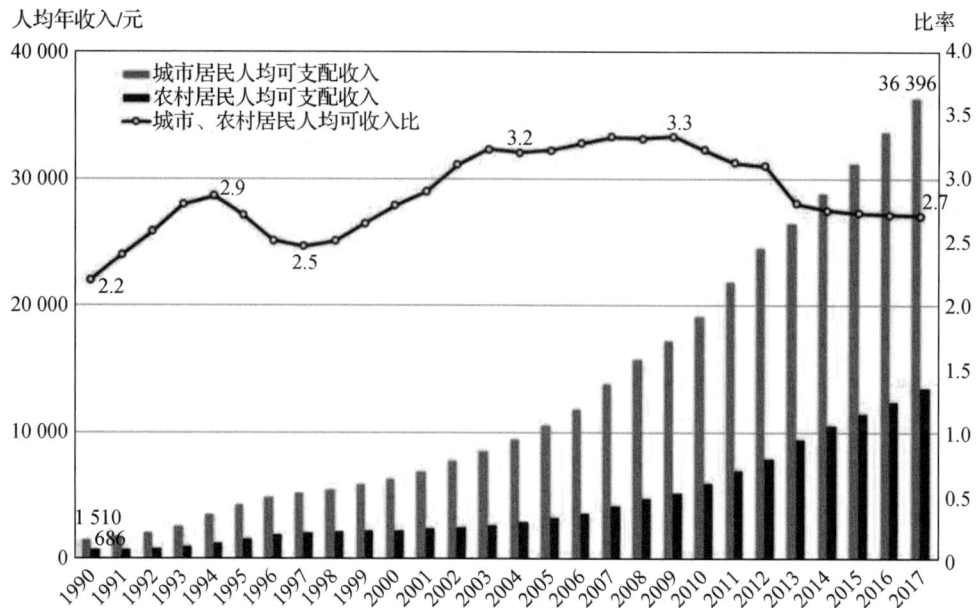

图4　城乡人均可支配收入(1990—2017年)
来源:联合国儿童基金会,2018年

二、从弱势群体的生活需要中寻找新的经济增长点

1. 农村进城务工人员

近几十年来,中国的农村人口向城市迁移,形成了一个相当大的新的农村向城市迁移的阶层。农村进城务工人员或新城镇居民在2019年达到了2.907 7亿人(国家统计局,2020)。这一人群已经并将继续在中国经济发展和农村地区收入增长中发挥重要作用。他们一般只受过有限的正规教育,并在制造业、建筑业、运输业、酒店业从事低薪工作或担任家政服务员。由于收入水平的限制,他们中的大多数人都仅有临时的住房安排;只有不到1%的人在他们所居住的城镇拥有住房。

城市化本应带来新进人口的消费激增,可惜农村进城务工人员这一庞大群体还没有真正加入中国城市消费者的队伍中来。现有的政策壁垒,让他们中的很多人对自己所在的城市没有归属感,因为"户口"还依然是大多数社会福利项目的"通行证"。因此,他们在生活中面临着一定的挑战,包括获得所居住城市的公共教育、公共住房和社会保障计划,他们无法与本地人享有相同的权利和机会(Chen & Liu,2018;Dong & Zhao,2019)。

为了确保这一群体成为正常的城市消费者,需要满足一些条件。即:工作保障、工资增长(达到城市中一般人的水平)、平等享受社会保障项目(包括医疗、失业和养老等)、子女平等享受当地教育资源、低收入家庭有带补贴的低租费住房、合理的房价和房贷利率。由于这部分人群的不确定感是由他们的户口身份造成的,在国家放宽城市新居民的居住登记规则之前,应该探索其他安排,包括考虑在他们的工作单位和学校登记集体户口(Dong,2015)。这些改变可以让他们在自己所生活的地方感受到家的温暖,而不仅仅是客籍工人或永远的农村进城务工人员。

目前,约有40%的农村进城务工人员觉得自己是居住城市的"本地人",但仅有20.8%的认为自己"很适应"。调查发现他们身处的城市规模越大,他们的归属感就越弱、越是难以适应(国家统计局,2020)。这个群体的不确定状态影响了他们的消费行为和生活方式的选择。尽管这个群体的潜在需求——大约可以达到多少私人消费——无法估量,有一点是相当肯定的,即改善这一人群的社会地位和生活条件将会是未来中国经济增长的新动力。他们的消费领域必将包括住房、教育、娱乐和旅游。

以下是可以提高这个人群生活质量的一些具体目标:

经济适用房：农村进城务工人员目前的居住安排绝大多数是临时性的。这个拥有近 3 亿人口的群体及其家庭理应拥有一个稳定、健康的生活环境。因此，所有城市的重大规划中都应该有优质经济适用的住房建设，在没有满足所有人群的需求之前，各地对住房的关注不应该结束。消费者对经济适用房的需求非常大，即使大多数农村进城务工人员的家庭也许只需要租用一套公寓。

医疗保险和工作场所诊所：新冠病毒的暴发提醒了我们医疗和公共健康的重要性，尤其是及时的诊疗。任何就医障碍都会造成不必要的痛苦和生命的损失。以传染病为例，某病人延误一天的治疗，就会给其本人和周围的人们带来灾难。中国的一些人群正面临着医疗障碍，包括农村进城务工人员，因为这一群体基本上被排除在城市医疗保险计划之外（Dong，2008；2015；Dong et al.，2019a）。就医障碍对高危人群是尤其致命的。因此，必须将所有居民纳入统一的全民医保计划以避免任何人因为经济困难而不能就医或因病致贫。

农村进城务工人员在生病时往往不去医院看病，主要是因为去医院不方便和会影响工作时间，即使不计算医疗费用。当病情到了必须治疗时，他们更倾向于选择去比较方便的自己老乡开设的"地下"诊所就诊。可惜这两种情况都可能耽误病情。因此，在工作单位内设立免费医疗诊所可以方便及时就医、更好地为这部分人群和其他有需要的工作人员服务（Dong，2015）。同时，设立社区诊所可以为农村进城务工人员和其他居民提供便利的医疗服务。总之，医疗需要亲民化，亲民的基层医疗机构还可以更方便地开展公共健康宣传和服务。

继续教育和职业培训：有很高比例从农村到城市就业的人仅接受了初中（56%）或更低程度（15.3%）的正规教育，他们中还有极少数人完全没有接受过任何正规教育（1%）（国家统计局，2020）；这基本上反映了中国农村由于教育资源匮乏所导致的农村人口教育现状（Mursal & Dong，2018）。教育背景限制了农村进城务工人员进城后的就业机会和他们的收入潜力，也限制了他们的信息寻求和自我保护能力。因此，在现有和新建的教育机构中提供适合这一群体继续教育需求的文化和各类培训项目非常重要。知识和技能将开发他们的潜质和增强这一群体的各类能力，让他们更自觉地拓展职业前景和实现人生目标。同时，确保他们的子女在当地与其他同龄人享有相同的受教育机会。保障这个群体的教育培训可以提高整个民族的文化素养。

2. 老年人

中国人口的老龄化进程迅速。截至 2019 年底，中国 60 岁及以上人口已达 2.538 8 亿，占总人口的 18.1%（国家统计局，2020 年）。部分地区的人口老龄化比例已经达到较高的水平。例如，上海 60 岁及以上老年人口在 2019 年已经达到了 388 万，占全市总人口的 24.5% 以上（上海市老龄办，2019 年）。在农村地区，由于近几十年的青壮年人口外迁趋势，很多乡村也面临着人口老龄化的挑战（Dong，2019，Pan & Dong，2020）。虽然城市老年人享受公共服务的机会相对而言比农村老年人更多，但仍然需要建设更多的适老化基础设施才能满足老年人的需求。另外，老年人的高储蓄率也说明了他们对养老不确定性的顾虑。我们需要探讨如何使老年人的生活有意义和如何提高他们的安全感和整体福祉。

此外，中国人的预期寿命正在不断延长，这意味着退休后可以有很长一段时间的高质量生活，因为大多数人在 70 多岁到 80 多岁期间都还能保持基本健康和生活自理。因此，退休生活应该是有价值和有意义的。老龄化社会需要重视老年人的功能性能力。这个功能性能力包括能够拥有自己的角色或身份、人际关系、自主、享受及个人发展的可能性和保障（Venkatapuram et al.，2017；Dong et al.，2017）。这些对于独居或空巢老人而言尤为重要（Liu et al，2015）。因此，必须在社区为老年人提供必要的资源和设施，让他们过上积极的生活和高质量的生活。以下基础设施可以对那些有需要的人发挥作用。

老年人社区中心：健康的老年人需要有空间开展社交活动，如健身、跳舞、唱歌、运动、语言学习、健康科普活动或与他人一起看看电视节目。这些社交活动可以帮助老年人避免孤独感并促进他们的整体健康。为老年人提供社区活动空间，可确保他们的活动不受天气或季节的影响。这些社区中心还可以利用社区资源——尤其是发挥退休人员的专业知识技能,提供技能学习和知识分享的机会,如外语、绘画、烹饪、种植、家电维护与修理、健康常识、病人护理等。完善的技能培训项目还可以推荐合格的老年学员参与相关社区服务与邻里互助——受训人员所掌握的技能将有助于为提高人们的生活质量作出贡献。

社区食堂:社交孤立和孤独是全球老年人的"常见病"。老年人需要通过社交来交流想法和分享经历,以避免孤独感,促进认知和精神健康。健康膳食对每个人都很重要,对年长者更为重要,可是很多老年人却不能为自己准备营养美味的一日三餐。社区食堂不仅可以保证老年人吃到有营养的食物,还能为老人们与邻居及其他人提供一起进餐与互动的场所。这样的食堂也可以让健康的老年人参与工作并成为雇员或义工。对于未能到食堂就餐的老弱病残居民,食堂也可以安排为他们送餐到户。

社区诊所:社区诊所可以提高大众的医疗服务可及性。不同年龄的居民都可以在那里接受治疗,咨询与健康相关的问题。医务人员可以起到为社区居民健康把关的作用。医院,尤其是三级医院,虽然以拥有最优秀的医护人员和最好的医疗设备而著称,但也会因为其"高大上"和流程的繁复让老年人和新城市居民望而生畏。因此,社区诊所必须配备高素质的医生和必要的医疗设备等资源,以提供社区内居民常见病和多发病的优质医疗服务,从而减轻大医院的压力。这样的诊所还可以承担社区公共健康普及教育的工作。

社区培训中心:随着人口老龄化程度的提高,居民对日常生活的服务需求日益增长。同时,退休人员中的人力资源也十分丰富,可以加以开发利用。社区培训中心可以在健康退休专业人员中发展各类培训班的教员。比如,退休的医护人员可以开设健康讲座和培训护理人员。在社区层面开展护理培训工作,可让社区内有兴趣的居民获得相关知识和技能。培训课程可包括一般的健康和保健知识以及与老年病和常见病有关的护理知识。护理培训班还可以与附近的老年护理机构建立实践合作关系,受训者可以在培训期间作为志愿者到老年护理机构工作或者定期访问居家养老的长者们,并为他们提供相关服务。培训中心还可以支持专业和家庭护理人员间的社交活动,给他们提供分享的机会,以舒缓他们的工作压力和保障他们的精神健康。

社区家庭支持网络:社区内的一些居民在家务比如洗衣、清洁、购物、做饭或送餐等方面需要帮助,通过社区培训中心的技能培训和以社区服务平台的免责保险为保障,可以有效地利用社区的人力资源为老年人或其他需要类似服务的人提供服务。该网络既可以提供健康长者发挥专长和贡献社会的机会,又可以让有需要的居民通过获得安全可靠的服务提高生活质量。

3. 农村居民

截至2019年底,中国有5.5162亿农村居民(国家统计局,2020)。与城市居民相比,农村居民获得社会保障项目和公共服务的机会十分有限。为农村居民提供合适的医疗服务和养老保障可以显著提高这一人群的生活质量。而这一人群生活质量的提高可以极大提高中国整体人口的健康水平。必要服务的投入和填补城乡基础设施差距无疑会成为中国经济增长的又一重要引擎。

(1)医疗健康

村级诊所的医疗服务优质化:由于农村地区长期严重缺乏基层医疗资源,很多农村居民不得不远赴县级医院或城市的三甲医院就医。这并不是有利于农村居民健康的最佳安排,因为这导致农村居民的医疗可及性程度相当低:不能就近就医造成耽误病情和加重就医经济负担。目前很多村诊所没有配备能够为村民医治常见病、多发病的医务工作者,也没有配备必需的医疗和基础化验等设备。因此,它们远不能满足村民的一般诊疗需求。解决农村居民看病难的问题必须实质性地全面提升村诊所的能力。一旦具有了训练有素的医护人员和配备基本医疗设备之后,它们就能真正起到保障村民健康的把门人的作用。

乡镇卫生院的部分职能转化:老龄化和大量老人单独居住的现状不仅需要能够上门服务的护理人

员,也需要机构化的养老设施。由于目前乡镇卫生院的医疗需求基本上可以满足老年人的常见病和多发病的诊疗需求,开发其潜力,发展带护理的养老院是可行的。农村需要养老院,而且乡镇卫生院的资源与规模都能够承担起这个重要责任。资源还有缺口的,政府需要加强投入,包括人力资源的合理分配,尤其要加强医疗队伍的素质。

（2）教育

包括在线课程的优质教育:在一些农村地区,学校教育对学生和他们的父母来说都是相当具有挑战性的。他们面临的困难包括路途遥远、路况差、没有公共交通。一些地区还严重缺乏合格的教师。虽然课堂学习曾经是常态,但在线教育项目应该可以作为一种选择,因为这可以帮助学生和他们的家庭创造一个安全和健康的学习体验。这也将使偏远地区的孩子也能接受优质教育。同时,应该建造新学校并鼓励教师们去农村地区参与教育事业,培养农村新一代。

公共健康和医护人员培训:农村居民需要通过村医和其他医务人员获得健康和预防疾病等知识。同时,农村的老龄化亟需一大批具备基本护理常识又有慈爱之心的护理员。村医可以对有兴趣有潜力的农村居民进行培训,使其成为合格的护理人员,为有需要的村民服务,或者参与镇养老院等机构的护理工作。

（3）社交

村活动中心:参与社交活动可以提高居民的整体幸福感。配备娱乐和运动设备的活动中心可以方便村民的社交和休闲活动需求。这些中心还可以提供健康宣传资料,组织受各类村民欢迎的活动。这类中心的户外空间也可以安装户外运动器材,供村民锻炼健身。这类场所可以促进村民的社交,尤其是那些独居的村民。

村公共食堂:农村老龄化的趋势也要求有一个适合老年人的生活环境,因为对于那些体弱的人来说,每天准备饭菜也是件不容易的事。在膳食服务中开发利用健康的中老年人的厨艺,可以防止老年人的营养不良,让很多人受益。此外,在农村居民入住养老院和老年护理机构的机会依然有限的阶段,膳食和其他日常生活方面的服务可以帮助老年人过上健康和有尊严的生活。

（4）服务与就业

家庭服务支持网络:一些村民需要有人提供日常生活上的帮助,比如打扫卫生、洗衣服或者外出的交通。高龄的、重病的或残疾的村民往往需要获得支持网络的服务以保障他们的日常生活。村内的服务提供者可以是志愿者,也可以是适当收费的。对于简便的服务,村里可以服务积分来鼓励村民参与义务劳动,为邻里服务;对于时间和专业技能要求比较高的服务,需要家庭服务支持网络名下的雇员来提供,以保障服务质量和可依赖性。有技能的村民还可以培训其他村民来为大家服务。

维修服务队:村民们经常自建房屋,但房屋需要维护、修缮和翻新,以保持健康和安全的居住条件,有些房屋甚至需要重建。发展本地的专业建筑修理队伍将有助于及时提供这类服务,以确保农村居民在安全和健康的环境中生活。同时,随着农村现代化的发展,村民家庭使用的电器设备也越来越多。这些电器的维修保养也需要当地的专业人员。

三、结论

中国的经济发展正处在一个关键的十字路口。地区差距和各社会人群的社会经济地位的不平等问题正在影响中国的可持续发展。不同社会群体拥有不同收入程度和享有不同的社会保障分隔了社会的整体性,会引发社会阶层之间的矛盾冲突和社会伦理的扭曲。尽管近几十年来中国经济快速增长,但有些社会群体的生活水平仍急需改善。目前而言,人口数量较大的弱势群体包括农村进城务工人员、老年人和农村居民。

为应对新冠疫情后的新世界格局,中国需要找到自身新的经济增长点。当前世界各地的经济增长放缓,对中国来说是一个可以集中精力攻克国内现有的社会民生问题的极好机会。换句话说,要在经济发展的同时兼顾社会公正,而且解决了民生问题后所发掘出的潜在巨大内需可以成为国内经济发展的可靠动力。当中国所有的公民都有足够的可支配收入,并享有国家全民医保计划和养老金时,他们感受到的经济保障和对生活前景的确定性将成为他们正常消费和购买服务的最好理由。

关注大基数人口群体生活质量改善的重点增长领域将确保国内消费需求的持续扩大和增长。从经济适用房的建设到为老人和其他居民提供各种服务的需求量都会是很大的。因此,通过有效地改善国内最弱势人群的生活条件来寻求经济增长是可期待的。一旦社会群体和阶层之间的差距缩小,民众也会更有向心力。社会稳定和经济繁荣也自然会成为所有百姓的衷心意愿。而且,14亿中国人中的每一个人都会成为中国经济蓬勃发展中的消费者——这种转变将有助于确保国家的可持续发展,从而建立一个真正公平和谐的社会。

参考文献:

Chen Z , Liu K , 2018. Assimilation of China's rural-to-urban migrants: A multidimensional process[J]. Chinese Journal of Sociology, 4 (2):188 - 217.

Dong W, 2008. Cost Containment And Access To Care: The Shanghai Health Care Financing Model[J]. The Singapore Economic Review, 53(1):27 - 41.

Dong W ,2015. Migrant Workers' Healthcare Challenges and Innovative Strategies[J]. American Review of China Studies.

Dong W, Wang Y, Yang Y, et al,2017. Determinants of self-rated health among shanghai elders: a cross-sectional study[J]. BMC Public Health,17:807

Dong W, 2019. Self-rated Health among Elders in Different Outmigration Areas—a case study of rural Anhui, China[J]. Journal of Chinese Sociology, 6, 9.

Dong W, Le X,2019. "Chapter 8 Employment and Income Policy" in Social Policy in China: From State-Led to Market-Led Economy[M]. Weizhen Dong (Ed), Rock's Mill Press.

Dong W and Zhao C ,2019. "Chapter 4: Hukou System and Rural Migrant Workers' Assimilation" in Social Policy in China: From State-Led to Market-Led Economy[M]. Weizhen Dong (Ed), Rock's Mill Press.

Jain-Chandra S, Khor N, Mano R, et al,2018. Inequality in China-Trends, Drivers and Policy Remedies[Z]. IMF Working Paper WP/18/127 Authorized for distribution by James Daniel June.

Li Y, Wu Q, Xu L, et al,2012. Factors affecting catastrophic health expenditure and impoverishment from medical expenses in China: policy implications of universal health insurance[J]. Bulletin of the World Health Organization,90:664 - 671.

Lian H , 2020. Keep the doctor-patient relationship going well after the epidemic[N]. Guangzhou Daily: 4 - 15.

Liu X, 2020. Class Structure and Income Inequality in Transitional China [J]. The Journal of Chinese Sociology,7:4.

Liu J, Tian J, Peng Y,et al,2015. Living experience and care needs of Chinese empty-nest elderly people in urban communities in Beijing, China: A qualitative study[J]. International Journal of Nursing Sciences, 2 (1):15 - 22.

Mursal A, Dong W, 2018. Education As A Key Determinant of Health: A Case Study From Rural Anhui, China[J]. Journal of Health and Social Sciences, 3(1):59 - 74.

国家统计局,2020. National Economic Operation in 2019[EB/OL]. 7 - 17.

Pan Z，Dong W，2020. Can money substitute adult children's absence? Measuring remittances' compensation effect on the health of rural migrants' left-behind elderly parents[J]. Journal of Rural Studies(79)：216 - 225.

中国人民银行调查统计司中国城镇居民家庭资产与负债调查组，2020.2019 年中国城镇居民家庭资产负债情况调查[J]. 中国金融(9).

上海老龄办,2019. Report on the Development of Shanghai's Aging Cause in 2019[EB/OL].

The Lancet,2014. Violence against doctors：why China? Why now? What next? (editorial)[J]. The Lancet, 383(9922)：1013.

Venkatapuram，Sridhar，Hans-Jörg Ehnib，AbhaSaxenac,2017. Equity and Healthy Ageing[J]. Bull World Health Organ，95：791 - 792

Xie Y，Zhou X,2014. Income inequality in today's China[J]. Proceedings of the National Academy of Sciences (PNAS)，111(19)：6928 - 6933.

Zhang D，Shi L，Tian F，Zhang L,2016. Care utilization with China's new rural cooperative medical scheme：updated evidence from the China health and retirement longitudinal study 2011—2012[J]. International Journal of Behavioral Medicine，23 (6)：655 - 663.

Zhang L，Brooks R，Ding D，et al,2018. China's High Savings：Drivers，Prospects，and Policies[R]. IMF Working Paper,18/277.

Zhou Y，Guo Y，Liu Y,2020. Health, income and poverty：evidence from China's rural household survey[J]. Int J Equity Health,19：36.

共享实践与共享经济

王宁*

主持人　东南大学人文学院王珏教授

各位老师、各位同学，大家早上好！今天上午我们有幸邀请到中山大学王宁教授来作"秉文大师讲堂"暑期云讲座第三期。王宁老师讲座的题目是"共享实践与共享经济"。我先对王宁老师作一个简要的介绍。

王宁老师于厦门大学哲学系获得哲学学士学位，在英国利兹大学获得哲学硕士学位，之后分别就读于英国的杜伦大学和谢菲尔德大学，获得社会学博士学位。王宁老师是中国著名的社会学家，是中国社会学会副会长，广东省社会学会常务副会长，教育部社会学本科教学指导委员会副主任委员、国家社科基金学科规划评审组专家，在质性研究方法、消费社会学、旅游社会学等研究领域享有盛誉，并且具有重要的国际影响力。比如在消费社会学领域，国际上王宁老师的相关研究几乎无人不知。王宁老师的研究兴趣也极其广泛，他曾经运用社会学的视角和方法研究过《红楼梦》，让人耳目一新。"秉文大师讲堂"是东南大学为郭秉文班学子开设的高端人文讲座，相信同学们一定能从王宁老师的讲座中感受到社会学家的魅力，下面我们有请王宁老师带来"共享经济与共享实践"的精彩演讲。

主讲人　王宁教授

一、共享的复兴

非常感谢王院长，也非常感谢东南大学邀请我给大家做一个汇报，这是一个荣誉。我的演讲题目是"共享实践与共享经济"。这个题目可能很多同学不一定会感兴趣，因为它不是一个非常人文的东西，它更多是偏向社会学的题目，或者说是偏向社会科学的题目。共享大家都非常熟悉，在家里一起吃饭，这就是一种共享，所以共享应该说是一种传统的现象。同时在我们的心目当中也觉得共享是私人领域的事情，你家里的人一起吃饭、一起消费，或者说你跟你的亲戚朋友进行一些共享活动，这些都是传统的现象、私人的现象。正因为它是一种很古老的传统现象，又是很私人化的一种事情，学术界对共享的研究表现出冷漠、不感兴趣，这是令人惊奇的。但是近年来，从 2000 年开始，随着共享经济的兴起，特别是随着 Uber 和 Airbnb 变成一个全球性现象，共享一下子得到了复兴。学者们对共享经济的研究兴趣产生了，因此，有社会学家就认为，学者对共享经济的兴趣可以成为共享复兴一个组成部分。

为什么近年来人们对共享或共享经济产生这么浓厚的兴趣？可能要谈一下新自由主义的背景。因为自美国的里根总统开始，他们奉行了一种新的政策，这个政策跟过去有所不同，它强调新自由主义。新自由主义带来的一个结果就是美国的经济效率活力提高了，但它也带来一个副产品，这个副产品就是社会不平等，导致收入分配的差距拉大了。差距拉大以后，被甩下去的那一拨人觉得他们被社会抛弃了。现在大家都知道"黑命贵"导致的社会运动，事实上这是新自由主义长期以来所导致的社会收入分配差距拉大的一个副产品。新自由主义强调效率，它不太强调共享，也不太强调人与人之间的抱团取

　＊　王宁，东南大学人文学院社会学系教授，中山大学社会学与人类学学院教授，博士生导师。研究方向为社会学理论、质性研究方法、消费社会学、旅游社会学等。本文内容为王宁教授 2020 年 7 月 14 日为东南大学"秉文大师讲堂"所作线上演讲的文字整理稿。

暖、相互帮助,所以它整体上体现出来是比较无情的。这种无情的现状使人们想重新回到一种有情的共同体当中去。在共同体当中,我们可以抱团取暖、相互帮助。而共享经济,当它兴起的时候,它在进行话语叙述的时候,强调情感,强调社区的团结、人与人的相互帮助,强调社会整合。在这种背景下,共享平台对这套话语的叙述一下子就让公众产生了兴趣,也让学者产生了兴趣。从 2010 年开始,一直到 2020 年,关于共享和共享经济的研究文献爆炸式增长。在我用电脑检索查询国际文献的时候,这一领域比其他的一些传统分支学科的增长速度要快得多,而且是几乎所有社会科学分支都介入到共享经济的研究,包括对人文社科不太感兴趣的计算机学科等,也有很多学者来研究共享经济。他们研究共享经济是从平台的角度,因为平台涉及技术,但是我看他们的文章不只是讲平台,也讲共享经济本身,讲社会、讲文化,所以我觉得这个现象非常有意思,现在理工科的学者们也开始对文化、对社会现象感兴趣了。

二、关于"共享"的学界争论

学术界围绕共享经济的讨论非常激烈,其中一个焦点是"共享经济是否真的与共享有关"。一些学者认为,共享经济这一术语存在误导性,认为它并不是真正的共享,而是一种"伪共享"。他们指出,许多共享经济的实践实际上是以收费的方式进行的,属于商品交换的范畴,而非家庭内部那种无私的共享。相对而言,持中立观点的学者认为,在讨论共享经济时需要作出区分。有些共享经济实践确实体现了真正的共享,例如沙发客(Couchsurfing)。这一平台允许成员免费在其他用户的家中住宿,原本是指客人住在沙发上,但实际上也可以选择睡在床上等其他地方。成员之间可以自由交换住宿,而不收取费用。尽管在此过程中存在选择机制,例如房主需要评估客人的基本情况,决定是否接受他们,但这仍然符合传统共享的概念。与沙发客相似的,还有许多其他平台,如英国的 Freecycle、Yerdle、时间银行、landsharing、LeftoverSwap,以及各种工具共享或图书共享平台,这些都属于传统意义上的共享。另一方面,还有一些以利润为导向的共享经济平台,如优步(Uber)、Lyft、Zipcar 和 Airbnb 等。这些平台通过收费进行服务,属于商品经济的范畴,很多学者认为它们不是真正意义上的共享。

在这些学者看来,共享经济可以分为两种类型:一种是真正意义上关于共享的实践,另一种是以盈利为目的的经济活动,它们打着共享的旗号,但实际上并不属于共享的范畴。有学者主张,要解决这个问题,首先需明确共享经济相关词语的含义。在词源学的角度上,最初如何建立共享这一概念,以及其对应的最早实践模型,至关重要。贝尔克认为,共享的原型包括两个方面:首先,子女的哺育行为,母亲喂养孩子的过程,母亲将自己身体的一部分分享给孩子,这种无私的行为是共享的基础;其次,家庭内部的资源汇聚和分配也构成共享的原型。例如,父亲外出工作,母亲偶尔也打零工,家庭成员将收入汇聚在一起,用于购买家庭用品,这也是一种共享的表现。贝尔克主张,应从这些原型出发,评估当今所谓的共享经济是否真正与共享相关。从这一原型的视角来看,像沙发客和时间银行这样的实践确实属于共享经济的范畴,但 Airbnb、滴滴(Didi)或 Uber 等平台则不被视为真正意义上的共享经济。这种分类有助于我们更深入理解共享经济的本质及其社会影响。

共享与爱密切相关。首先,父母对子女的爱促使他们愿意让子女参与共享。其次,共享也涉及照料,父母通过共享资源来照顾孩子。当孩子成长为独立个体时,家庭内部的共享会逐渐减少。共享之所以产生,源于人类的生存需求。人类在刚诞生时缺乏自理能力,因此必须依赖父母的照顾,在这个照顾的过程中,家庭内部的共享自然形成。这种共享体现为无偿地让对方使用自己的物品,或自己使用对方的物品,形成了一种不分你我的状态,而没有产权的观念。这种共享既不同于商品交换,也不同于礼物交换。商品交换强调等价交换,即"我给你一个东西,你给我货币"。礼物交换则强调互惠,即"我给你礼物,你将来需要回赠我"。而真正意义上的共享则具有利他的精神,不期待回报。这是贝尔克所认为的真正共享。关于邻里的共享,贝尔克认为我们将邻居视为家庭成员,通过共享的方式拉近彼此关系,这被称为"向内共享(sharing in)"。而"向外共享(sharing out)"则在某种程度上不被视为真正的共享。但贝尔克在其文章中对向外共享的定义并不明确。如果我们从原型的角度分析,那么向外共享是否符合共享的原型? 如果不符合原型,为什么仍称之为"共享"? 这一点存在模糊性。

三、社会分化的视角

贝尔克旗帜鲜明地批判伪共享。他认为凡是要收费的,打着共享旗号赚钱、追求利润的,都不是共享经济。这些是用共享的外衣所包裹的商品交换,或者是市场交换。贝尔克的观点引起了很大的争议。以家庭内部的共享作为原型,很难解释人们与家庭以外的人的共享。人们有时候也会与陌生人进行共享,例如在旅游途中与陌生人分享食物、香烟等物品。历史学家做了非常详细的研究论证了陌生人之间的共享,这说明陌生人之间存在共享实践。很显然,以家庭内部的共享作为原型来套用所有的共享实践是有困难的。因为即使是在古老的中世纪,也有陌生人的共享,而且这种陌生的共享跟家庭内部的共享是完全不同的。

中世纪时期,陌生人之间的共享行为常常源于宗教信仰。人们相信,当陌生人来到家中时,如果他可能是危险的存在,通过共享可以减轻这种危险;而如果他被视为神的使者,则通过共享向神表示感谢。这种共享与贝尔克所解释的家庭内部共享有着显著的不同。因此,我们应当从社会分化的视角来看待共享这一概念。最初,共享可能主要体现在家庭内部,但随着时间的推移,这种共享逐渐分化为不同类型的共享实践。如果要进行这种分化,就必须找到一个共同的"母胎"原型。我们可以将家庭内部的私有共享视为这一"母胎"原型,并进一步研究它是如何分化的。这种分化的过程围绕着哪些因素展开? 在分化的背后是否存在某种逻辑? 只要找到了这一逻辑,我们就能够对共享实践进行清晰的解释。这种分析不仅有助于理解共享经济的演变,也能深入探讨不同类型共享实践之间的关系和特征。

四、共享及其分析性概念

共享的概念指的是两人或两人以上共同使用某种资源的权利。在这里,我们强调的是使用权,而不是所有权。共享是一种群体现象,因此它成为社会学研究的对象。作为群体行为,共享实践必然存在着一系列共同遵守的规范和规则。共享不仅是一种行为模式,还体现为社会规则。举例来说,家中大哥长大后衣服穿不下,便传给老二,老二又长高后再传给老三,这种资源的传递是大家公认的共享方式。人们通常在过年时会购买新衣服,因此到过年时,他们不再穿兄长的旧衣服,这种行为遵循了社会规范和文化习惯。另一方面,共享总是与资源有关,某些资源是可以共享的,而另一些则不然。例如,香烟在陌生人之间可以被共享,这是一种可共享物,这种属性是由文化决定的。相对而言,邮票在文化中被视为不可共享的物品。因此,在使用他人的邮票时,我们只能说是"借用",而不能使用"拿"或"给"等词汇,因为"给"会违反文化规则。因此,共享作为一种实践既是社会现象,遵循规范和规则,同时也是文化现象,界定了什么是可以共享的,什么是不可以共享的。学者们需要找到一个分析性的概念来描述共享的本质与特征。

1. 共享单位的概念

在对共享的讨论中,有两个重要的概念需要强调。第一个概念是"共享单位"。任何形式的共享都在一定的边界内发生。以家庭为例,家庭内部的共享是家庭成员之间进行的,因此家庭被视为一个共享单位。这个单位的范围可以根据需要扩大,例如一个部队或团体。在这种情况下,团体内的成员可以共享上级分配的战备资源。共享单位的扩大还可以体现在其他组织中,比如在兵营里,通常会有一个司务长负责整个连队的伙食。士兵们一起吃大锅饭,通过一个盆子在桌上共同取食,这种形式展示了共享单位的特征。在分析共享时,理解共享单位这一概念是非常重要的,因为它帮助我们明确共享行为发生的范围和参与者之间的关系。共享单位的界定不仅影响共享的性质,还会影响共享实践的规则和规范。

2. 共享层级的概念

第二个重要概念是"共享层级"。共享总是发生在某个层级之上,然而这一现象在传统的共享研究中往往被忽视。过去,人们常常认为共享就是共享,并不区分层级。但实际上,共享是分层级的,涉及不同类型的资源状态。共享资源主要有两种状态。第一种是可分割的资源。可分割意味着资源可以相对容易地进行转让。例如,如果家里的饭菜吃不完,可以盛一碗给别人,这就是可分割的体现。闲置的书籍也可以转让,甚至人们的观点也可以分享。这种可共享资源有两种形式:一种是转让,即将不再使用的物品给他人;另一种是分用,例如做了一大盆饭,大家自己取用。第二种共享资源是不可分割的,比如图书馆、博物馆、道路、广场以及医疗保障体系等。这类资源通常要求共享,而不是进行分解或分享。这种共享形式涉及使用权(access),即准用的概念,用户可以共享资源,但不能独占。不可分割的资源共享依据身份进行划分,例如,如果某个家庭的孩子希望入读名校,是否能够入学常常取决于他们的户籍。由于资源存在可分割和不可分割两种状态,必须考虑共享的层级。当供给不可分割的资源时,涉及金钱的筹集,所有成员都需要作出贡献。这时候,通常需要有中介组织来收取贡献并进行资源汇集。例如,在一个村庄中,村支书可能需要挨家挨户收取资金,以便集体建设一个村庄食堂。这种情况构成了二级共享,因为这不再是邻居之间平等的关系,而是涉及所有人和中介组织的关系。中介组织汇集资源后,可以建设不可分割的共享资源,或者将资源再分配给每个人。在军队中,部队可能会向每位士兵分发牙刷、杯子、毛巾和被子,这属于可分割的资源,但同样需要后勤管理的中介组织来进行资源的汇集和分配。因此,共享必须分级,既有一级共享,也有二级共享。中介组织本身也可以进一步细分为初级、中级和高级组织。为了简化对问题的分析,可以将共享直接分为两级:第一,没有中介组织的共享,称为一级共享;第二,有中介组织的共享,称为二级共享。

共享单位这个概念的启发来源于马克斯・韦伯。韦伯在《经济与社会》中花了很大的篇幅讨论一个很传统的现象,叫作预算单位。所谓预算单位,指的是在一个封闭的组织内,人们把资源汇集后进行共享。预算单位的概念没有包括前面所讲的一级共享,主要是讲二级共享。事实是存在一个中介组织,在家庭内部就是母亲,在修道院里就是一个小组,他们来负责收集资源。为了扩大这个概念的解释力,我就把预算单位替换成共享单位。共享单位这个概念,不仅包括二级共享,也包括一级共享。在某个区域或者某条街道,人们跟邻里之间经常进行共享,这就是一个共享单位。我们每个人可能会同时有多个共享单位,例如家庭内部的共享单位、与邻里之间的共享单位、私人朋友的共享单位等。所谓共享单位,就是可共享资源的社会共享范围或者边界。可共享资源是由文化决定的。有些东西是不可共享的,有些东西是可以共享的,可共享的社会范围主要是由成员人数的规模,而不是由地理范围决定的。一般而言,共享参与的人数规模越大,地理范围就越大。但是还要考虑到人口密度。在西北地区,人口很稀疏,不能因为地理面积很大,就说共享单位就很大。所以我们主要是根据人数来界定共享单位。

3. 共享单位与共享层级的关系

共享单位和共享层级二者之间是什么关系?为了简化对问题的分析,我们直接对共享单位的大小进行划分,分为大共享单位和小共享单位。在实际应用的时候,可以分得更细一点。小共享单位意味着成员流动性低。例如一个村庄,在现代社会人口流动性是很大的,但是在过去,一个村庄的人几乎不大流动。大共享单位成员的流动性高,这意味着一级共享所依赖的延时互惠机制难以维系。一级互惠就是彼此之间不要中介组织,直接相互帮助,相互共享。这种共享必须遵循互惠原则。我今天把家里吃不完的饭给你吃,明天你也会端过来给我吃。这意味着人与人之间存在延时互惠。延时互惠的前提是人还在原地。我把我的饭分享给别人,一个月后,别人流动到了别处,那就很难再进行一级共享。小共享单位更容易进行一级共享,因为人口流动性不高。大共享单位总有一部分人是流动的,很难实行一级共享。大共享单位更倾向于采取二级共享的方式。我们也不能说一级共享只在小共享单位内存在,或者说二级共享只在大共享单位内存在。事实上,小共享单位也有二级共享,只是一级共享和二级共享的比例会随着共享单位的变化而变化。一般而言,在小共享单位的一级共享比重较大,二级共享的比重较小。例如,农村的二级共享是道路、祠堂、庙宇、学校等等,它的比重并不大,大部分资源是一起共享的。因为二级共享成本比一级共享的成本更高。在大共享单位内,二级共享比重比较大。一方面是因为一级共享的延时互惠的机制难以维系,另一方面,大共享单位在二级共享上有优势,一级共享有太多人搭便车。二级共享成本往往超出了小共享单位所能承担的能力。在村庄范围内,人们不适合建造一个肿瘤医院。第一,成本太高。第二,使用频率太低。虽然大共享单位内也有一级共享,但是一级共享往往又降格为小共享单位的共享,例如邻里之间的共享。在互联网产生之前,大共享单位陌生人之间的共享是很少的。数字技术平台出现以后才会有共享。大的共享单位,可以承担起很昂贵的、使用频率很低的共享物。正是因为每一个成员使用肿瘤医院的概率很低,所以人们就不会在小共享单位建一个肿瘤医院。客观上人们需要肿瘤医院,就必须把共享的范围扩大到整个城市。虽然每个人使用的概率很低,但是在整个城市范围内总有人会患病,它建造的费用分摊到整个城市,单位成本就降低了。由此可知,共享实践其实是围绕着共享层级和共享单位发生的分化。

4. 四种共享实践的理想类型

按照简单化处理,我采取一级共享层级和二级共享层级的标准划分。每一级把共享单位分为小共享单位和大共享单位。我把这两个分类变量加以组合,得到了四类共享实践。

共享单位与共享层级的关系

共享模式		共享层级	
		一级共享	二级共享
共享单位	小共享单位	社群共享	社群公共品
	大共享单位	共享经济	社会公共品

第一类是小共享单位内的一级共享,称为社群共享。例如,在村庄范围内邻里之间分享食物。第二类是小共享单位里的二级共享,例如村庄里的庙宇、学校、道路等,由村主任收集村民们的资源来提供社群公共品。第三类是大共享单位里的二级共享,包括现代社会的福利体系,例如公共医疗保障体系、消防、学校、医院等。随着数字技术的发展,数字互联网 Web2.0 的出现,开始有大共享单位的一级共享,这就是共享经济。从这个角度而言,共享经济是借助技术的可供性,实现了陌生人之间不需要借助中介组织的共享。可以看出,这隐含着逻辑和历史的统一。我的方法是一个理想类型。从历史的角度而言,先出现社群共享,然后才出现社群公共品。最早的游牧部落,社群公共品几乎不存在,都是社群共享。游牧部落定居后出现公共品,例如庙宇。如果一个国家成立,那就会出现社会公共品,例如医院和学校。最后在 21 世纪初,出现了共享经济。而后一种共享实践的出现并没有把前一种替代掉,这是一种增量型的发展,而不是一个替代型的发展。因此,共享实践分化出越来越多模式的实践,它们是共存的。

五、共享经济的演进与分化

我将分别论述这几种共享实践背后的逻辑。第一,社群共享。第二,由于社群公共品和社会公共品的逻辑一致,因此合并论述。第三,共享经济。

1. 社群共享的逻辑

社会分化的第一个类别、在历史上出现较早的共享实践就是社群共享。它是小共享单位内的一级共享,不需要中介组织,成员与成员之间通过直接互动实现共享。这种共享可以通过原始群落的食物共享来说明。它是一级共享,发生在简单的社会结构中,例如觅食经济。在这种情况下,人们通过采集和狩猎获得食物,而不进行种植,因为种植意味着获取食物的确定性增加。在狩猎过程中,人们面临不确定性,今天可能能够捕到猎物,也可能捕不到。为什么这些原始群落要进行食物共享,并且成为一种普遍现象呢? 学者们的研究总结为三个假说:第一个假说是"风险降低假说";第二个假说是"交易假说";第三个假说是"偷窃容忍假说"。很多其他的假说后来被推翻,例如共同生产假说。该假说认为人们捕获猎物需要部落内的成员分工合作,有的人去驱赶猎物,有的人则在前面埋伏,因此这个猎物是大家共同合作获得的,必须共享,而不是某个人独占。然而,共同生产假说并没有普遍的解释力,因为许多物品实际上是家庭生产或独自生产的,但仍然可以共享。因此,该假说被推翻。接下来,我们将逐一讨论上述三个假说。

第一个假说是"风险降低假说"。开普兰和希尔的研究发现,在以觅食经济为特征的部落(如巴拉圭东部的 Ache 部落),人们主要通过狩猎获得食物,但捕猎的成功率通常较低。例如,如果 10 个人外出打猎,可能只有 6 个人成功获得猎物,4 个人则没有猎物可得。面对这种情况,如何解决食物问题? 在狩猎收获不确定的环境中,人们有意愿通过共享来减少不确定性所带来的生存风险。这 10 个人中,成功捕猎的 6 个人必须将猎物与未捕到猎物的 4 个人共享,因为今天获得猎物的人在未来也可能无法成功捕到猎物。如果存在一种共享的规范或文化,当某些人无法获取猎物时,他们就不必过于担心,因为其他人会进行共享,这样可以降低捕猎不确定性所带来的食物供给风险。因此,学者们称之为"风险降低假说",共享的目的在于降低风险。此外,在没有存储技术的条件下,如果猎物过于丰盛,家庭内部无法消耗完,导致食物变质,这也客观上促使了与其他人共享。这两个方面共同推动了原始群落共享实践的形成。这一理论的适用前提是,捕猎成果在某个特定时间点上是不均衡的,但从更长的时间段来看,人们的猎物获取量大致是均衡的。这种共享形式类似于现代的保险机制。然而,这一假说主要解释的是同类物品(即猎物)的共享,且是延期互惠的形式,并不能解释异类物品的共享现象。例如,有些人总是能够获取猎物,而有些人则始终无法捕获猎物,尽管如此,为什么人们仍然选择共享? 这一假说无法解释这类共享实践的存在。

第二个假说是"交易假说"。捕获者继续与未捕获者分享猎物,主要是因为他们之间存在交易关系。这种交易的回报可以是其他方面的利益。获得大量猎物的人通过与大家分享食物,可以赢得更多的尊重,从而获得部落的决策权、话事权和话语权。如果他的孩子生病,整个部落往往会停下来,等待孩子的病痊愈后再继续前进,而无法获取猎物的人则没有这种特权。"交易假说"能够有效解释为什么捕获者会选择与未捕获者共享猎物。然而,也有学者对此观点提出异议,认为"风险降低假说"在遇到例外情况时难以解释,而"交易假说"的解释也显得不够充分。前两种理论过于强调人性善良的一面,而实际上,人并没有那么善良。因此,需要从人性的角度重新审视和解释这一现象。

第三个假说是"偷窃容忍假说"。在原始部落中,如果某个人捕获猎物但不想与他人共享,首先需要隐瞒猎物。然而,部落规模小,隐瞒捕获的猎物几乎是不可能的。最终仍然会让大家共享。那么,为什么仍然会让大家共享呢? 这里涉及肉类的边际效用递减的原则。当一个人捕获了大量猎物,最初几天内他们可以大量食用,但随着时间的推移,食物可能会变质,导致其效用降低。在这个过程中,捕猎者意识到,他们无法在食物变质之前全部消耗这些猎物,因此选择让其他人共享。这时,食物的效用对于其他人而言可能比对捕猎者本人更大。这种情况造成了猎物捕获较多者与没有捕获到猎物的人之间的边际效用不对称。对于边际效用逐渐减少的捕猎者来说,如果面对边际效用高的其他人试图抢夺猎物,他们可能会选择反抗。然而,由于食物的边际效用已经降低,捕猎者不愿意抵抗而承担打斗的代价,可能会因此受伤。相对而言,没有捕获到猎物的人由于面临饥饿,可能会选择偷窃或抢夺食物。尽管他们也知道有被反抗的风险,但由于不抢夺就会饿死,他们更愿意承担这种风险。因此,偷窃容忍的现象便会出现,从而使得猎物的共享成为一种普遍接受的结果。这个假说从人性的角度解释了偷窃容忍的现象,并能合理地说明在原始部落中为何猎物共享成为一种常态。

2. 社群共享规范的进化博弈分析

有一些其他的学者对这些观点都不满意。首先,他们批评"风险降低假说",尽管"风险降低假说"对社群共享有一定的解释力,但无法解释如何避免搭便车。而搭便车的人一旦形成,并且变成一个趋势,共享就会崩溃。也有学者批评"偷窃容忍假说","偷窃容忍假说"是一对一的关系,我捕获到猎物,他没有捕获到猎物,他来偷我的东西,因为食物的效用对他高,他愿意承担打斗的代价。而我因为食物的效用在递减,不愿意承担打斗的代价,所以我容忍。这是一对一的关系,但是,部落里的每一个人都有一对一的关系,还有多个一对一的关系,而多个一对一的关系,用"偷窃容忍假说"无法解释。"偷窃容忍假说"只能解释两个人之间的双人配对关系,多个人之间的关系必须换一个解释,不是从人性的角度,而是从文化的角度,否则就陷入了无穷无尽的争夺。

那怎么彻底地解释这个问题?有一些学者认为我们可以换一种方法来寻找共享规范。我之所以让其他人共享,是因为我们在遵从共享规范,而不是依赖计算。我们要研究共享规范是如何形成的。一旦形成以后,所有的这些假说都不成立了,人类以文化来支配行为了。所以卡梅达等学者假定:在原始部落,在某个时点,狩猎成果总有不确定性,有人有捕获,也有人没有捕获。如果捕获者拒绝分享猎物,未捕获者要夺取捕获者的猎物,必须付出代价(比如打斗及其所带来的伤害)。在这种情景下,捕获到猎物的人如何做?没有捕获到猎物的人,又如何做?前面讲人性,人们根据理性的分析来计算出偷窃容忍,但事实上,卡梅达等学者认为这涉及意识形态,也就是涉及文化观念,人的行为是由文化观念决定的。那我们可以先从穷尽所有选择的可能性的角度来分析人的行为选择。我们现在有了计算机技术,可以利用计算机来把原始部落所能够面对的所有的可能性都加以计算,然后看哪一种策略会变成共享规范、变成意识形态。在这之前,我们要先对四种类型的策略进行价值分析。第一,社群分享者策略。猎物获得者认为所获得猎物是共同财产。未获得猎物的人也要求对猎物获得者的猎物进行共享。第二,自我主义者策略。猎物获得者声称对所获猎物具有私有产权,而未获得猎物者却要求前者将所捕获的猎物在社群内共享。第三,圣人策略。猎物获得者认为自己所获猎物是共同财产,未获得猎物的人却认为前者的猎物属于私人财产。第四,资产阶级策略。猎物获得者声称自己所获猎物是私有财产,而未获得猎物的人也认为前者的猎物是私有财产。

		当处于未捕获到猎物之人的角色	
		要求社群共享	授予捕获者以产权
当处于捕获到猎物之人的角色	所获为共同财产	社群分享者	圣人
	声称私有产权	自我主义者	资产阶级

社群共享规范发生的进化博弈模型中的四种行为策略(Kameda. et. al. 2003:7)

我们要把群落所有选择的可能性都加以穷尽,然后借助计算机分析哪一种可能会成为文化规范。我们找到了四种可能性,从两个角度对这四种可能性加以分类。第一,当处于未捕获到猎物者的角色,我怎么看待别人打的猎物。第二,我打到了猎物,我如何看待我打到的猎物。这就有两个分类变量:一个是要求社群共享;一个是授予捕获者以产权。前者认为自己捕获的猎物是共同财产。后者认为自己捕获的猎物归自己所有,他有私有产权。两个变量相互组合就是上述的四个策略。社群分享的策略就是,捕获者认为自己要共享,未捕获者认为也要共享,所以他们被称为社群分享者。另外一种是未捕获者认为捕获者有产权,我不该跟你共享,而捕获者认为,我要与未捕获者共享,所以他们被称为圣人。自我主义者就是,未捕获者认为捕获者要共享,而捕获者认为这不行,这是私有财产,未捕获者不能共享。资产阶级策略就是,未捕获者认为这是私人的财产,我不能共享,捕获者认为,这是我的私有财产,你的确不能共享。这四种策略哪一种在博弈上、在进化上能够使得每一个人的收益最大?通过输入计算机程序进行计算,在猎物获取不确定性的情况下,四大策略之中的社群共享对部落中每一个人的收益最大,其他的策略都只是一部分人的收益大,另外一部分人的收益不大,所以只有平均收益最大的策略才能够被所有成员共同接受。只有一部分人获益,不获益的人会反对,大家都获益,大家就都能够接受。通过计算机的算法,他们发现只有共享的策略是所有成员都能接受的,共享就变成文化、变成规范、变成意识形态。共享规范具有稳定性,不断地朝着共享的方向去演进、去推进,而且是可进化的。本来人们是不共享的,随着时间的推移会走向共享。由此可见,任何一种实践都是社会互动的产物,都是博弈的产物,并且以文化的方式固定下来。随着社会的变化,文化会有滞后性。社会变化得足够久了,文化崩溃,又换一种新的文化,社会就是这么进化的。学者们认为共享规范一定要解决搭便车问题,不然规范是很容易被破坏的。

3. 搭便车问题

人们要维持共享规范,必须解决搭便车的问题,这就需要每个人对维系规范承担一定的代价。搭便车者的表现就是当捕获者不让其他人共享时,邻居们都期望他人去争夺资源,而自己坐享其成,结果是大家都不愿意去争夺资源,这样共享规范就会崩溃。因此,解决搭便车问题至关重要。为了确保规范能够维持,必须对那些不争夺资源的人施加惩罚。如果捕获者不让其他人共享,群落中的其他成员就会互相观望,等着对方去打,自己却不愿意出手,这时,群落的其他人需要惩罚那些搭便车者。如果存在这样的游戏规则,那么下一次当捕获者拒绝分享时,他们就不会再等着别人去争夺资源,而是主动参与,因为如果不去打对方,整个群落的人可能会联合起来对其进行惩罚。打击对方不仅能获得声誉,还能避免自己被群体攻击,否则付出的代价更大。共享的进化过程涉及共享规范的演变,尤其是如何惩罚搭便车者的二级文化。一级文化要求大家共享,而二级文化则强调如果有人不共享,所有人都不能搭便车,必须对他进行惩罚。在小规模共享单位内,识别搭便车者相对容易,但一旦共享单位扩大,搭便车者就难以被辨认。这就是在大共享单位内,人们往往不愿意共享的原因。

社群共享是小共享单位的一级共享。具备两个特点:第一,小范围共享。共享发生在很小的、封闭的群落,共享的半径是有限的。这些成员彼此熟悉,谁是搭便车的,大家都知道,一眼就认出来,可以惩罚他,这就解决了搭便车的问题。但是在大的共享单位内,我们始终解决不了搭便车的问题,而且由于彼此熟悉,情感的规律更容易起作用,大家有 mutual regard,相互顾及。类似于家庭成员生病了,你会觉得很难受,这个叫 regard(顾及)。大家都是贫弱的人,更容易产生共情,你的痛苦我能够感受到。但是如果你在广州海珠区某个角落,有一个人生病了,你就是听到了,你也不会很焦急,因为共情不到那么远的距离。第二,功能性共享。共享资源对群落成员的生存以及整个群落的团结,都具有重要功能。如果有人搭便车,整个群落攻击他,他就不敢搭便车,这样就能够同仇敌忾、团结一致。为什么大家要这样做? 因为资源获取具有不确定性。

4. 社会公共品

为什么在大的共享单位内,一级共享不可行? 这就是二级共享的逻辑。资源确定性一旦提高,共享单位就变大,社群共享理论很难解释觅食经济的消费单位。以往人们依靠打猎、捕猎、采集为生,后来为了减少食物获取的不确定性,人们开始捕获野生动物养殖,如此食物的供给便确定了。劳动生产力不断提高,生存资源的获取变得更具有可预见性。在这种情形下,社群的一级共享对家庭的功能下降,这时私有制开始出现。因为人们减少了对搭便车者进行惩罚的成本,自己种田、养猪、养鸭就解决了生存资源的问题。在国家形成后共享单位变得更大了,国王占领了土地,不能光榨取人民的资源,也要有一定的公共品让人民享用。如果出现大面积的饥荒,国王需要扶持人民,共享单位也随之变大。私有制有效地解决了部落社会存在的搭便车问题,人们无需通过共享方式来解决生存问题,私有制会让效率更高,人们不需要整天监督搭便车的人。在私有制下,人们无法搭便车,只能自食其力。当人们的田种不完,就会找一些人来帮忙耕种,这就出现了马克思所讲的雇佣劳动,出现了剥削,地主可以占有农奴的剩余劳动了。共享单位变大后也并没有免除国家的责任。上述不可分割的、成本高昂的,并且超越了小范围社群所能承担范围的公共品,必须在一个更大的范围内去提供。大的共享单位在这一类公共品的供给上有优势,为了降低人均成本,二级公共品的供给必须是大共享单位。二级共享要通过协调性组织或者管理机构来负责。人们要建造公园、道路、图书馆、博物馆、音乐厅,都需要通过税收。在现代社会中,通过资源的汇聚(如税收和捐赠)做规划,再按照社会的需求提供公共品。在传统社会,人们更多地根据统治者的偏好分配资源,例如,维也纳的贵族们很喜欢听音乐,建造音乐厅的费用由国王或富人承担。大共享单位在一级共享上没有优势,但是在二级共享上有天然的优势。因此,在大共享单位内,尽管私有制与一级共享相互矛盾,但私有制和二级共享可以共存。尽管产权是私有制的,但是在公共品上面有二级共享,所以私有制和二级共享是可以共存的。

社群共享是小共享单位的一级共享,存在较少的二级共享。大的共享单位内,例如国家范围内,主要是二级共享,存在较少的一级共享。社群共享依赖于共享规范,为了维系共享规范,人们要对搭便车的人进行惩罚。而在大共享单位内提供二级公共品依赖于法律。在社群共享单位内的互惠是延时的,存在着时间差。在大共享单位的社会公共品上,我们依靠再分配体系,这与社群共享不一样。在社群共享单位内的共享规范是歧视性的,陌生人和外人不共享,只与有血缘关系的、有地缘关系的人共享。这种共享称为特殊主义共享。社会公共品的共享是普遍性共享,只要是公民都可以共享,甚至还可以把共享范围扩大,例如作为一个外国留学生,我在英国上学,我也获得了免费使用英国公费医疗的权利,这是普遍性共享。

六、共享经济:大的共享单位的一级共享

大的共享单位不适合一级共享吗?这是亟待解决的问题。首先我们要思考一级共享需要什么条件。一般而言,一级共享需要两个条件:第一,延时互惠;第二,普遍互惠。小的共享单位比较容易满足这两个条件,而大的共享单位不容易满足这两个条件。大的共享单位的一级共享何以成为可能?根据前述分析,共享经济可以视为大共享单位的一级共享。那么,一级共享为何可能存在呢?在小型共享单位中,延迟互惠往往不易失效。这是因为在非流动性社会中,对违规者的惩罚相对容易实施,例如,我可以识别出某个违规者并对其施加惩罚。然而,很多搭便车者的身份并不明确,我无法知道他们的具体位置。其次,小型共享单位内的普遍互惠是其另一个关键特征,成员之间相互熟识,因此可以实现普遍互惠。一级共享之所以需要普遍互惠而非一对一互惠,原因在于如果仅为一对一的互惠关系,共享单位将局限于两人之间的互动。为了扩大共享的范围,形成群落共享,必须采用普遍互惠的形式。那么,什么是普遍互惠呢?普遍互惠是指:A为B提供好处,A获得的回报并非来自B,而是来自C。A虽然未向C提供任何好处,但在一个群落中,只要对其中某一成员有所贡献,就能确保未来获得回报。以时间银行为例,我为照顾老人贡献了800小时的工作量,等到我老了,我有权享受800小时的照顾服务。然而,照顾我的并不是我曾照顾的那个老人,因为当我需要回报时,这位老人可能已经去世。那么,谁来照顾我呢?是那时的年轻人。这个年轻人在为我提供照顾时同样付出了800小时。当他老了需要回报时,回报他的人则是其他陌生人,这便是普遍互惠的概念。普遍互惠的好处在于,它扩展了共享的范围,不再局限于一对一的互惠关系,而是只需对共享单位内的任一成员施加好处,就能获得回报,回报可能来自群落中的任何一人。然而,在大共享单位内,普遍互惠的可能性较小,因为大共享单位易出现搭便车现象。在这种情况下,个体可能会在享受他人服务后不愿意进行回报,导致共享体系的崩溃。因此,搭便车问题必须在小共享单位内得到解决,在这里,个体在给予他人好处后,能够得到来自他人的回报,大家都有相互帮助的意识,但并非一对一的关系。进一步探讨大共享单位内延迟互惠的可能性,我们发现,人员流动性是一个重要因素。以朋友聚餐为例,我买单意味着下次聚餐时,其他人也应轮流买单。然而,如果这次我买单后,下一次聚餐时,有三位参与者已经离开,之前我为他们买单时的成本便成了沉

没成本,我将无法获得回报。在这种情况下,我可能不愿意继续买单,因为参与聚餐的人可能会变动,这使得互惠关系难以维持。因此,AA制成为一种可能的选择。这一现象表明,在现代市场经济时代,AA制的普遍性上升源于大共享单位内人口流动性所带来的挑战,对远距离的违规者实施惩罚需要较高的成本。在大共享单位中,若我为某人提供服务,需乘坐一小时公交车前往他家,但他未能回报我,这使得对其进行惩罚变得困难。相比之下,邻里之间,若有人违反共享规范,我可以轻易地前去制止。因此,大共享单位面临着延迟互惠机制难以维系的问题。

其次,大共享单位内的普遍互惠是否可能? 如前所述,这是不可能实现的。因为普遍互惠的实现依赖于对搭便车者的识别与惩罚,而这在大共享单位中相对困难。如果无法辨认出搭便车者,就难以实现普遍互惠。因此,尽管大共享单位中可能存在某种形式的一级共享,但其很快就会降格为小共享单位的共享,即仅限于邻里之间,而陌生人之间则难以建立共享关系。在此背景下,共享经济的出现给我们带来了新的思考。2000年初,随着共享经济的兴起,出现了一级共享。在讨论共享经济的性质之前,有必要区分两种类型的共享经济:第一种是本地型共享经济,这种模式通过线上平台与本地的线下对象进行联系,例如时间银行,在这种模式下,参与者可以在线上预约服务,例如上门照顾或修理家电,这属于本地现象;第二种则是非本地型共享经济,如Airbnb和Freecycle,在这种模式中,用户可以通过平台与异地的服务提供者联系,例如在维也纳旅游期间选择民宿,用户到达目的地后,通过密码获取钥匙并进入房屋,支付也在之后进行。在这里,我们需要探讨的是,非本地型的一级共享如何可能? 与本地型共享经济相比,非本地型共享在识别参与者方面面临更大挑战。此时,我们再次回到之前提到的两个条件:延迟互惠和普遍互惠。尽管大共享单位主要采取二级共享模式,但随着Airbnb、Uber等共享经济平台的崛起,我们可以观察到大规模陌生人之间的一级共享,这是通过在线平台实现资源共享,不再依赖中介组织或个人进行资源的汇集与分配,例如,通过沙发客平台,我可以直接与全球的沙发客成员进行共享,尽管彼此事先并不相识。然而,这种共享如何解决延迟互惠和普遍互惠的问题呢? 这种形式的共享并非完全意义上的市场交换,以滴滴顺风车为例,虽然在一定程度上涉及成本分担,但也具有公益性质。同样,时间银行中,我付出800小时服务也期望获得800小时的回报,只不过其"货币"形式为时间。

因此,我们需要探讨在大共享单位内,一级共享是如何得以实现的。其实现依赖于三个关键条件:第一,数字技术平台;第二,互惠方式的改变,即从延迟互惠转化为即时互惠;第三,想象的社群意识。

1. 数字平台

首先,我们来看数字技术平台的重要性。以Web 2.0为标志的数字和信息技术,特别是在线平台,突破了小共享单位在一级共享方面的瓶颈。过去,依赖于线下联系,人们仅能在小范围内建立相互认识的关系,这样很难扩展到外部的陌生人。为了实现大范围内的一级共享,必须有一个有效的平台,降低彼此沟通的成本,提高交流的效率,从而实现有效的匹配。例如,当我们家的孩子长大后,课本不再使用,这时如何处理这些课本成为一个问题,将其丢弃不仅造成环境负担,还可能造成资源浪费。通过共享平台,我们可以与陌生人分享,从而提高课本的利用率,我可以发布信息,说明我有一些不用的课本,看看是否有人需要,假设一个家庭希望节省购书费用,他们的孩子正好需要这些课本,那么我可以将其邮寄给他们。这种共享过程的实现依赖于数字技术的支持,尤其是一个能够促进人们交流的在线平台。Web 2.0技术使用户能够生成内容,直接在平台上发布信息或广告,这一点至关重要,因为如果用户无法生成内容,交流和分享将无法进行。因此,技术革命为大共享单位的一级共享提供了积极的推动作用,成为其必要的基础设施,没有这样的设施,广泛的一级共享便无法实现。其次,针对延迟互惠的问题,传统模式往往需要先提供服务,然后在未来某个时刻再获得回报。然而,这种模式在小范围内较为可行,而在大范围内则面临困难。共享平台的出现使得我们能够在更广泛的范围内进行交流与合作,解决了延迟互惠的问题。例如,假设一个社区主要由退休老人组成,他们可能对儿童课本并不感兴趣,但在更大的共享范围内,其他地方的家庭或许正在寻找这些课本。只有在大的共享网络中,物品的匹配才能得以提高效率。因此,要有效解决延迟互惠的问题,必须在大的共享范围内探索如何实现这一目标。综上所述,数字技术平台通过提供低成本、高效率的沟通渠道,为大共享单位的一级共享奠定了基础,同时也为解决延迟互惠问题提供了新的可能性,这些平台使得资源共享不限于熟人之间的互动,而是能够扩展到广泛的陌生人网络,实现更高效的资源配置和利用。

2. 即时互惠

既然延迟互惠存在问题,那么我们是否可以考虑即时互惠的模式,尤其是借助市场经济的媒介手段——货币?在非本地型共享实践中,这种模式显得尤为重要。例如,在零工经济中,劳动力通过线上平台被共享,例如远程编程、笔译、文案撰写和数据分析等。在这种情况下,提供服务的一方必须立即获得报酬,以实现即时互惠,从而有效解决大共享范围内共享的困境。此外,普遍互惠的问题在本地型共享实践中是可以实现的,例如时间银行便是依靠普遍互惠的机制。然而,在非本地型共享实践中,普遍互惠同样需要依赖于即时互惠,以克服搭便车现象。这就要求参与者在共享资源时,能够及时获得回报,进而激励他们继续参与共享活动。另外,通过成员身份的机制,也可以有效地解决搭便车问题。例如,沙发客平台通过普遍互惠的方式,要求用户加入会员,并给予每位成员一个信誉分数,通过这种信誉机制,成员们相互评分,促使参与者对自己的行为负责。这种机制不仅能够提高用户之间的信任度,还能激励每个参与者积极贡献,从而在一定程度上克服搭便车现象。

无论是通过沙发客的方式,还是通过即时互惠的机制,这种共享形式往往会被视为市场交换。即便是在滴滴和优步等平台上,这些实践与传统市场经济依然存在显著区别。正如我们在之前讨论的,有人将这些视为"伪共享",因为它们涉及货币交换,似乎与商品交换和市场交易无异。那么,为什么还要提倡共享经济呢?答案在于,尽管共享经济在某种程度上涉及市场经济的交换机制,但其背后所蕴含的动机和目的却是多样化的,远非单一的经济利益。共享经济不仅仅是为了盈利,尽管它确实需要赚钱以维持运作。资本在此处意味着将资金转化为更多的资金,而共享经济则体现出经济、社会和文化多重动机的结合。具体来说,经济动机固然存在,但同时还包括社会动机和文化动机。例如,Airbnb 的初衷之一是促进社交,通过出租房屋与陌生人接触,从中获得快乐。此外,在滴滴顺风车的案例中,乘客的支付虽然提供了经济补偿,但用户的参与动机可能更多地源于社交互动,而不仅仅是经济利益。这种混合动机使得共享经济与纯粹的市场交换有所不同。共享经济涉及的是协同满足物的概念,而不是单一满足物。智利经济学家麦克斯·尼夫曾提到,在哺育婴儿的例子中,奶粉只满足生存需求,而母乳则同时满足生存、情感安全和母亲自我认同等多重需求。类似地,社区支持农业不仅提供了粮食保障,还满足了居民对食品安全和社区参与感的需求。共享经济的活动与资源媒介使其成为一种协同满足物的表现,而市场经济则依赖于单一满足物的交换。因此,尽管共享经济涉及经济交易,但它也包含了社会和文化的动机,使其不单是经济行为。在这一背景下,虽然共享经济具备公益性质,但它并非纯粹的公益。例如,时间银行的运作本质上是期望回报的,通过为他人提供服务以换取未来的回报,这种机制并不符合完全的无偿公益,最初以公益为主旨的平台,如 Freegle,最终也可能因外部压力而向商业化转型。面对来自传统市场的压力,例如出租车行业对 Uber 的抵制,政府通常需要采取措施来平衡双方利益,这使得共享经济平台逐渐与传统商业模式融合。因此,共享经济是混合经济的代表,它在市场经济的框架内运作,同时又融入了公益的元素。这种混合性质使得共享经济能够在满足经济利益的同时,促进社会互动和文化交流,从而实现更为全面的价值创造。

3. "想象的社群"意识

第三个重要方面是共享平台和共享经济所形成的意识形态,它塑造了一种想象的社群意识,并且这种意识在共享平台的使用者中被广泛接受。之前我们提到,部落和群落的食物共享是基于一种意识形态和规范,认为照顾无法打猎的人是一种义务,这种社群意识能够促进群体的团结。那么,在陌生人社会中是否存在类似的社群意识呢?安德森在《想象的共同体》中提出,答案是肯定的,这种社群意识可以被称为民族共同体。随着资本主义的发展，人们分享共同的故事、神话和认同，形成了共同体的意识。在这一背景下，Gusfield 将社区分为两种类型：一种是地理性社区，指的是在一个特定空间内的相邻群体，比如中山大学新港街的居民；另一种是关系型社区，尽管成员之间可能身处不同地理位置，如匈牙利和美国，但彼此通过关系和互动构成了一个共同体。在线社区或虚拟社区则是典型的关系型共同体。作为一种关系性共同体，它依赖于情感、意识、伦理和道德将成员整合在一起，而这种整合不是基于地理位置，而是基于网络关系。例如，沙发客平台成员间的联系就是基于"你也是沙发客成员，我也是"的网缘。因此，尽管我与某个成员素不相识，但我可以选择住在他的家中，因为我不担心会遭遇危害，这种信任源于共同体意识的存在。这表明，经济行为不仅嵌入社会关系中，传统的纯粹市场经济行为也有其社会嵌入性。例如，在小商铺中，邻里之间的交易往往更加公道，这种行为受到当地社区伦理、道德和情感的约束。然而，在陌生人之间，社会嵌入性较弱，市场行为则更多地追求利益最大化。

在线虚拟社区中，我们能够形成类似于邻里社区的想象社群意识。这意味着，在进行共享经济活动时，社会嵌入性依然存在。然而，这种共享经济中的意识形态并不是普遍主义，而应被称为准普遍主义。传统的社群共享通常具有特殊主义的特征，即排外性。共享仅限于特定群体内的成员，例如邻居之间可以共享，但对于陌生人则不予共享，这种特殊主义体现在社区的界限上。而在虚拟社区中，我们并非采用市场经济的普遍主义原则，市场经济强调的是"只要付钱就可以"，在这种情境下，金钱决定了一切，经济利益至上。共享经济则不完全等同于纯粹的市场经济，它包含了一些非经济因素。这使得共享经济的普遍主义与市场经济的普遍主义有所不同，更倾向于准普遍主义。共享经济更多地体现了公益因素，例如，在帮助他人的时候，决定帮助与否不取决于对方的身份，而是基于其是否处于困境中。这种助人的行为超越了经济关系，与市场经济中的冷漠态度形成鲜明对比。人道主义作为一种普遍主义的意识形态，无论对方是白人还是黑人，只要他们遇到困难，我们就应该伸出援手，然而，尽管共享经济蕴含人道主义的精神，它仍然包含经济因素。在实际操作中，像 Airbnb 这样的共享实践，房东往往会对顾客进行选择，设定门槛。这包括查看顾客的评分及其他相关信息，以决定是否允许其入住。这一过程使得共享经济的普遍主义不再完全开放，而是融入了一定的挑选标准。因此，无论是强调公益的共享实践，还是带有经济因素的共享活动，它们在某种程度上都是特殊性与普遍性的结合，这种结合使得共享经济的意识形态被称为准普遍主义。正是由于这种想象的社群意识，共享经济的交换具有更深的社会嵌入性，与传统市场经济交换的浅层社会嵌入性形成对比。总之，准普遍主义作为共享经济的特征，不仅反映了社群成员之间的互助精神，也体现了在经济交易中依然存在的人际关系和社会责任，这种意识形态促使共享经济活动超越了单纯的经济交换，形成了更为复杂的社会网络和人际联系。

七、共享经济的分化：商业化转型

共享经济本身也在发生转型。共享经济作为一种社会创新，促使其自身具有某种价值、理想和情怀。随着外在同型压力的产生，它逐步向商业化平台转变，被市场经济收编。因此，在这个意义上，它不再是初始意义上的共享经济。共享经济打着共享的旗号，旨在利用其社会认受性。现代经济讲究讲故事、讲情怀，而共享恰好是最佳的情感叙述切入点。不仅如此，共享经济与市场经济之间也存在对接口，为了有效解决延迟互惠的问题，共享经济必须借助即时互惠机制，涉及金钱的使用，一旦用钱，就意味着与市场经济的对接，而这种对接可能导致共享经济的理念被盗用。因此，今天的共享经济面临被盗用的情况，且其发展模式已出现多种分化。

1. 共享经济的分化：多种模式

第一种分化是以经济动机为主和以社会动机为主的共享实践。例如，沙发客平台主要基于社会动机，而另一种形式则是转让式共享，比如将自己不再使用的课本转让给他人。第二种是传统的"转让式"共享，如共享单车，这种模式允许用户在一定区域内借用和归还自行车。第三种是对存量资源的循环使用。例如,如果我有多余的房间未被使用,可以通过 Airbnb 平台找到短期租客来入住。还有增量资源的使用,例如,滴滴出行和共享单车公司生产了大量的车辆,其所宣称的环境保护理念实际上存在夸大成分,并不完全符合事实。第四种分化则体现在 C2C(个人对个人)和 B2C(企业对个人)的区别上,例如,C2C 共享单车模式中,用户之间相互借用车辆,而在 B2C 模式中,像共享单车公司会提供大量自行车供用户租用,或者 Zipcar 等公司提供的汽车租赁服务。

2. 共享经济的分化:二级共享

另一种方法是通过商业平台实现二级共享。共享平台可以利用风险投资融资,提供大量的共享单车或出租车。这种共享模式是由平台进行融资,以供给可循环使用的物品。因此,这种商业性二级共享与社会公共品的二级共享有所不同。

3. 共享经济的分化:非占有性消费

共享的含义在当今已经发生了分化。从原始的、不分你我的共享逐渐演变为今天界定的共享经济,这种新的共享形式被称为非占有性消费。在私有制的情况下,消费模式通常是占有性消费,即个人购买产品并拥有排他性使用权。这种占有性消费导致了产品的利用率和使用率普遍不高,例如,参加派对时的晚礼服,可能一年只穿一次,剩余时间则闲置无用。共享经济的初衷正是为了打破这种闲置状态,促进资源的循环使用,从而减少对环境的压力。这一理念体现在非占有性消费的概念上,即不再强调个人对资源的所有权,而是提倡共同使用和共享资源。与贝尔克所提到的家庭内部不分你我的内容共享不同,后者属于共享实践,而共享经济则有其明确的经济动机。共享经济强调的是:它是一种经济模式,但这种经济不同于传统市场经济,它更注重带有情怀的意图,促进情感社区的整合,通过资源的循环使用,鼓励租用而非占有的协作消费实践。从这一角度来看,共享经济不仅是一种经济创新,更是一种社会创新,体现了对资源利用和环境保护的关注。

八、结论

因此,我得出结论:共享是一种古老的传统实践,随着私有制的出现,其边缘地位逐渐被忽视。从社会分化的视角来看,共享的层级可以分为一级共享和二级共享,而依据共享的范围,又可以区分为大共享单位和小共享单位。大的共享单位通常偏向于公共品,而小的共享单位则倾向于一级共享,这背后存在着逻辑关系。然而,大的共享单位实施一级共享的难度较大。如今,借助数字技术平台,我们能够实现一级共享,使得人与人之间可以在平台上直接匹配,从而提高了匹配效率,无需依赖中介者。因此,共享的概念从原始的共享形式演化出许多新的样态,转变为非占有性的消费,形成了一种协同满足物。在当今背景下,重新审视共享经济,我们可以发现其带有一定的改良意图,体现为一种改良运动。这种现象可以被视作对新自由主义统治下负面后果的社会经济反弹,以及对私有制引发的排他性消费体制的颠覆。共享经济提倡资源的循环使用、社会使用和非占有性使用。然而,令人遗憾的是,在社会结构较弱的地方,情怀驱动的共享经济可能会遭遇盗用,并加速向市场商业组织转型。这就是我今天的汇报,谢谢大家!

评议人　洪岩璧教授

感谢王宁老师带来精彩的讲座,内容非常丰富!在此,我想分享一些我的学习体会。刚才与王珏老师沟通时,我提到王宁老师的讲座几乎构成了一本书的框架,涉及多个学科的内容。王宁老师从我们比较熟悉的共享经济开始,进一步讨论了共享实践。共享实践实际上涵盖了很多社会学和经济学的内容。最后,又从共享实践出发讨论了一些关键问题,包括搭便车和互惠的问题,然后又回到共享经济的讨论。我们需要回答的一个问题是,为什么最近几年才出现这些所谓的共享经济?在比较大的范围内的一级共享,只有在平台技术比较成熟之后,才能出现共享经济的形式。我觉得这个体系逻辑非常清晰。一开始,王宁老师是从概念的辨析入手,把共享经济的概念进行分析,然后回顾了前人的观点和理论,提出了自己的评论和批判,层层递进。其中,王老师利用自己提出的共享单位和共享层次这两个维度进行了四个类型的划分,形成了理想类型,而这个理想类型又有历史的维度。王老师的整个报告结构清晰,内容丰富,谢谢您的分享! 我之前好像看到有文章发表,但是文章是比较短的一部分,今天的是更加丰富的内容。

这次讲座内容非常丰富,不仅对学生有益,对我个人而言也是一个极好的学习过程。王宁老师提到的许多社会学概念,如嵌入性、互惠、预算单位、搭便车以及理想类型等,都非常值得深入思考。此外,我特别感兴趣的是王老师在讨论共享经济时提到的共享对社会关系和社会结构的重要影响。当前的共享经济在王老师的四个类型中是最新出现的,我想知道这一类型对我们当下社会关系将产生怎样的影响。这一问题值得进一步探讨和研究。

王老师提到,在以往的共享过程中,亲戚和邻居之间的互动有助于构建和强化彼此的关系。而今天,我们通过网络进行共享,这是否会对我们原有的社会关系产生冲击或改变,成为一个值得探讨的问题。例如,王老师提到以前大家吃饭是轮流付钱的方式,而如今 AA 制流行,这种转变会对朋友关系或同事关系带来怎样的影响? 这种变化可能导致人际关系中原有的互助和信任感的减弱,使得交流和互动更趋于功利性。我想知道王老师是否会继续深入研究这一领域,或者在后续的讨论中能否对此问题进行进一步的解答。

我在听了王老师的讲座后,联想到波兰尼的大转型理论。他提到经济对社会的侵蚀,而我感受到王老师似乎认为共享经济实际上是社会试图改良纯经济行为的一种表现。然而,王老师最后提到这种模式可能被盗用,这是否意味着市场经济的逻辑又进一步侵蚀了我们原本认为是共享的领域? 这引发了一个重要的问题:我们究竟是在试图改良经济,还是经济在更深层次上侵蚀了我们核心的社会领域? 如何看待共享经济的本质和影响? 这些思考促使我对共享经济的多重性和复杂性有了更深入的认识。由于时间关系,我无法展开深入讨论,但我希望通过这次讲座,能够引发更多关于这一主题的思考。

主讲人 王宁教授

感谢洪老师! 您提到的问题非常重要,我认为共享经济确实会对社会关系产生深远的影响。以我个人的经验为例,最初我对网上购物持怀疑态度,尤其是只愿意选择货到付款的方式。然而,我曾打算试一试,决定赌一次,购买了一件 300 块的商品。如果对方不发货,我就当这 300 块丢了,结果第二天,商品如期寄到了。之后,我又下单,这次我心态放松了许多,不再那么焦虑,因为我知道商品一定会到来。自此以后,每一次下单商品都如期到达。这种经历改变了我的信任观念。我原本对陌生人持有的不信任感,通过在平台上的交易逐渐转变为信任。因此,现在的"90后"对于网上交易的信任度普遍高于我们这一代人。我们这一代人可能更倾向于面对面交易,习惯于在银行柜台存款,而对机器操作感到不安,需要通过柜台得到实体的存折和盖章才能安心。共享平台的环境正在塑造新一代人的信任模式,这种信任不仅仅是基于技术,更是社会层面的信任。因此,我坚信这将深刻影响人与人之间的关系和互动方式。

关于社会与市场之间的关系,我认为这是一种互动关系。最初,社会试图遏制市场的蔓延并对其进行改造,但市场反过来又逐渐侵入社会领域。因此,这应该是一个双向的过程。双方都在试图影响对方,然而,可能最终谁也无法完全吞噬对方,这种交织关系只会更加紧密。当前,许多共享平台的运营者在对外宣传时常常强调去经济化的理念,听起来非常美好。然而,这是真实的内心想法,还是仅仅是一个赚钱的噱头,这一点依然存在争议。确实,市场正在越来越深地进入我们的日常生活,甚至包括我们的隐私也逐渐被转化为资本。比如,当我在网上浏览某些商品时,留下的痕迹会被平台公司收集并出售,转变为它们的资本。这种现象意味着我在进行非物质劳动时实际上被剥削,因为我提供的数据被利用,但并未得到相应的回报。我不断在网上进行消费的同时,也在为公司提供产品,这一变化极为显著。这表明,资本已经渗透到我的私人空间中。我在浏览某个产品后,立刻就会收到相关的广告推送,例如,我购买了一台咖啡机,之后总是能看到关于咖啡机的弹窗广告,这体现了市场如何影响和渗透我们的日常生活。同时,社会也会对此产生反弹。因此,经济与社会的互动关系从原来的二分法,演变为更加复杂的"你中有我,我中有你"的状态。

与谈人　张晶晶老师

现在的共享经济平台常常被批评为资本主导下的平台经济,并非资源交易的"去中介",也非"供需双方直接交易",而更多的是基于互联网平台的"再中介化"(比如说 Airbnb 等等)。如果从这个角度理解,在某种程度上,共享经济是否可以理解成是跨越了一级共享、二级共享两个维度?

主讲人　王宁教授

这个问题确实很有意思。我们刚才讨论的医院共享物品,是通过中介组织来筹集资源并进行管理。如果人与人之间直接进行转让,而不需要中介组织的介入,那便属于一级共享。然而,有同学提到共享平台也可以视为中介组织。从这个角度来看,这种理解是可以的,但需要区分两种不同类型的中介。一种是技术性中介,另一种是组织性中介。共享平台更多地提供技术基础设施,管理交易的技术环境。在这种情况下,平台并不直接参与交易过程。相对而言,建立医院时需要通过组织中介来筹集资源和资金,并负责资源的分配。这两者之间存在显著的区别:一个是提供技术支持的基础设施,而另一个是组织直接介入资源筹集和管理的过程。因此,这两种中介的功能和作用是不同的。

与谈人　朱雯玲老师

请教一下王老师,如何看待共享实践中的信任问题?我们知道共享实践能在一定程度上应对风险社会中不可预见和不可控制的风险,但另外一种风险来自社会中人与人之间的信任危机,沙发客可能导致入室伤害风险、滴滴顺风车之前的安全隐患,以及可能出现的破坏公共资源、将公共物品占为私有等等。对这些问题,我们是否要相信人与人之间的共同情感?还是需要在地缘社会和网缘社会采取相关机制来加以应对?

主讲人　王宁教授

您提到的问题确实很重要。在共享经济实践展开的过程中,确实出现了许多问题。例如,有人将共享单车停放在楼梯口,实际上占用了公共资源,导致其他人无法使用。而且,个别用户可能会在共享单车上加锁,进一步限制了他人的使用,这种行为非常不妥。此外,顺风车服务中也发生了一些令人不安的事件,比如司机对乘客的谋杀和强奸,这都表明共享经济在发展过程中面临许多亟待解决的安全风险和不确定性。在其他国家,使用 Airbnb 时发现摄像头等监控设备,更是让个人隐私受到侵害。这些问题确实会影响共享实践的健康发展,因此必须认真对待和解决。从另一个角度看,任何社会都可能存在犯罪,关键在于犯罪率的高低。如果某个领域的犯罪率较高,就可能引发严重问题。如果犯罪事件是偶然发生的,偶尔的现象,那么虽然需要关注,但并不一定会妨碍整体趋势的发展。共享经济的潜在优势是显而易见的,个人和社会对其好处的认可使得人们不愿意放弃这些优势,尤其是现在很多"90后"在出行时更倾向于选择共享民宿,而非传统酒店,因为他们已经体验到了共享经济带来的便利。尽管共享经济存在一些小问题,但总体来看,它的安全性还是相对较高的。然而,这需要政府的介入来进行更有效的管理。共享经济的治理与传统市场经济治理不同,它需要各方的合作和共同治理,社会各界都要参与进来,包括每个个体的积极行动。正如您提到的,大家需要对搭便车行为保持警惕,维护自身权益。若对此无动于衷,只会助长不良现象的长期存在。因此,关于共享经济的研究还有很大的空间,并且其发展潜力巨大。当前,我们面临着许多实验性的问题,比如零工经济平台在解决失业问题上的潜力。我们需要正视这些问题,并采取切实有效的措施来应对和解决它们。

学生提问:

王老师,您讲的共享经济、共享实践与我们国家提出的新发展理念之一的共享发展理念是怎样的关系?

主讲人　王宁教授

共享发展理念主要针对收入分配差异的问题,尤其是一些人的收益增长较快,而另一些人的收益增长较慢,从而导致收入分配的不平衡,进而引发社会问题、矛盾和冲突。因此,必须从宏观层面来解决这个问题。在制定社会政策时,须具备宏观宗旨和价值导向,这种价值导向强调作为一个国家的每一个成员都应共享改革开放所带来的红利。不能让一部分人占有过多财富,而这种财富的占有方式又缺乏合法性,导致另一些人的财富和收入过低。在这一背景下,提出了共享发展的理念。而共享经济则属于相对狭义和微观的层面,强调家庭内部的共享,比如"我有吃的,给你也吃一口"。这种共享与宏观的国家收入分配调节的共享发展理念存在本质区别,属于不同的范围和方向。

主持人　王珏教授

谢谢王宁老师以及今天在场的各位老师和同学们。我在听完讲座后,深刻体会到一位学者如何通过学术的视角回应和分析我们日常生活中的新问题和新现象。王宁老师从共享的概念入手,进行了深入的概念分析,并提出了一个富有解释力的分析框架。这个框架从共享的规模和层级出发,细分出了共享的四种类型,清晰地阐明了共享经济的特征以及其与传统经济的区别。作为一名研究哲学和伦理学的学者,我尤其对王老师提出的共享经济的深度社会嵌入性产生了浓厚的兴趣。这种深度嵌入性与原有的浅层、单一的嵌入性相比,体现了更为复杂的社会关系。同时,王老师提到共享经济不仅仅是单一经济活动的表现,也是一个复合性的存在。这种复合性揭示了共享经济的多重特征,如群体意向性和意识形态特征,这些都为我的研究提供了重要的启示。我个人认为,王老师的讲座是一次非常有价值的学术探索,它针对我们日常生活中的共享经济现象进行了深刻的剖析。尽管我们在享受共享经济带来的便利时,也意识到其中存在的一些隐患,但我们常常缺乏对共享经济未来走向的解释和理解。共享经济在人类历史发展中处于何种位置,值得进一步思考和研究。这不仅关乎经济学的范畴,也与伦理学和社会学的交叉领域密切相关。因此,未来对共享经济的深入研究将有助于我们更好地理解其对社会的深远影响及其可能的发展路径。谢谢大家!

论物候生态伦理思想及其当代价值

——竺可桢、宛敏渭《物候学》解读

陈爱华*

（东南大学 人文学院，江苏 南京 210096）

摘　要：《物候学》是竺可桢、宛敏渭所著的生物学著作，其中蕴含了丰富的物候生态伦理思想：揭示了物候生态伦理关系的复杂性；阐述了人类与物候生态伦理关系生成的历史性，物候学与物候观测发展的世界性，探索了物候生态伦理关系生成的规律性，展现了物候生态伦理关系充满了诗意性，因而物候生态伦理关系充分体现了人与自然是生命共同体，协调物候生态伦理关系对于当代具有价值的多元性。

关键词：《物候学》；物候生态伦理关系；当代价值

《物候学》是竺可桢、宛敏渭所著的生物学著作，该书从 1963 年出版到现在已有 60 余年。该书不仅介绍了物候学的基本原理、定律、观测方法和观测记录等；还阐述了如何利用若干年的物候观测记录制定自然历，以指导农业生产等，其中亦蕴含了丰富的物候生态伦理思想。本文试图通过解读竺可桢、宛敏渭所著的《物候学》，探索其物候生态伦理思想及其当代价值。

一、相关概念释义

物候学主要研究自然界的植物（包括农作物）、动物和环境条件（气候、水文、土壤条件）的周期变化之间相互关系的科学。它的目的是认识自然季节现象变化的规律，以服务于农业生产和科学研究。[①]俗话说，有比较才有鉴别。要进一步阐释物候学，须了解与其相似的气候学。物候学与气候学都是观测各个地方、各个区域、春夏秋冬四季变化的科学，都是带地方性的科学。尽管如此，两者还是有所不同，主要表现为以下两个方面：其一，气候学是观测和记录一个地方的冷暖晴雨、风云变化，由此推求其原因和趋向；而物候学则是记录一年中植物的生长荣枯、动物的来往生育，从而了解气候变化和它对动植物的影响。其二，观测气候是记录当时当地的天气，如某地某天刮风、某时下雨、早晨的最低温度及其变化、下午的最高温度及其变化等等；而物候学记录如杨柳绿、桃花开、燕始来等等，这不仅反映当时的天气，而且反映了过去一个时期内天气的积累。[②] 如 1962 年初春，北京气温比往年冷一些，因而其物候季

---

　*　基金项目：本文系国家社科基金重大招标项目"广义逻辑悖论的历史发展、理论前沿与跨学科应用研究"（项目编号 18ZDA031）；国家社科基金西部项目"自媒体的道德治理研究"（项目编号 18XZX016），江苏道德发展智库项目"科技伦理研究"，中国社会科学院实验室孵化专项"人工智能视域下逻辑推理形式复杂性研究"（项目编号 2024SYFH002）阶段性研究成果。

　作者简介：陈爱华，女，江苏省南通市人，中国社会科学院智能与逻辑实验室研究员，江苏省道德发展智库研究员，东南大学科学技术伦理研究所所长，东南大学哲学与科学系教授，博士生导师，哲学博士。研究方向：科技伦理学、生态伦理、逻辑学、国外马克思主义哲学等。

① 竺可桢、宛敏渭：《物候学》，长沙：湖南教育出版社，1999 年，第 1 页。

② 同①，第 3 - 4 页。

节推迟了,如山桃、杏树、紫丁香都延迟开花了,即通过物候的记录可知季节的早晚,所以物候学也称为生物气象学。竺可桢将这种物候现象比喻为"大自然的语言"①:

> 立春过后,大地渐渐从沉睡中苏醒过来。冰雪融化,草木萌发,各种花次第开放。再过两个月,燕子翩然归来。不久,布谷鸟也来了。于是转入炎热的夏季,这是植物孕育果实的时期。到了秋天,果实成熟,植物的叶子渐渐变黄,在秋风中簌簌地落下来。北雁南飞,活跃在田间草际的昆虫也都销声匿迹。到处呈现一片衰草连天的景象,准备迎接风雪载途的寒冬。在地球上温带和亚热带区域里,年年如是,周而复始。

由此可见,这些"大自然的语言"所反映的物候现象与用仪器记录不同,因为仪器只能记录当时环境条件的某些个别因素,物候观测使用的则是"活的仪器"——活生生的生物。它比气象仪器复杂得多,灵敏得多,具有多元性、鲜活性、多变性。物候观测的数据反映气温、湿度等气候条件的综合,也反映气候条件对于生物的影响,是过去和现在各种环境因素的综合反映。因此,以物候现象作为环境因素影响的重要指标,可以用来评价环境因素对于动植物影响的总体效果。正因为如此,在研究方法上,物候学是把气候或气象在各个时期(一年中春、夏、秋、冬四个季节,冬至、夏至、春分、秋分四个时段,亦称为天文季节)的变化同自然界其他诸种现象联系起来研究,即以生物现象及物候生态伦理关系为主要对象,主要根据植物在各地的发芽、开花、展叶、红叶、落叶等时期的调查,发现其中的差异,进而对各地的气候进行比较,以认识季节变化的规律,为农业生产和气象学及相关方面的研究服务。同时,应用这种物候学方法在农事活动中,比较简便,容易掌握。

物候生态伦理关系是指植物与植物之间,植物与候鸟及其他动物之间,植物、动物与环境(包括气候)之间,人与植物、动物、环境(包括气候)之间存在的多重复合的伦理关系。在这多重复合的伦理关系中,人与植物、动物、环境(包括气候)之间的伦理关系,对植物、动物、环境,包括对人自身的影响最大。由于伦理关系是一种利害关系,也是可以进行善恶评价的关系。而物候生态伦理关系是否和谐,不仅关系到生物的生长、动物的生存与繁衍、环境(包括气候)及生态系统的和谐,也直接关系到人的生存发展,尤其是农业生产及与之相关的方方面面的人与自然生命共同体伦理关系的和谐与发展。

《物候学》的物候生态伦理思想则是对上述物候现象及物候生态伦理关系研究而形成的物候生态伦理思想。尽管观测草木荣枯,如草地返青、树木抽绿、花开花落,候鸟去来、各种动物的休眠、孵化、变态等自然现象同气候的关系看似普通,实际上是对一种生物钟了解的过程。但是生物现象是在繁多的复杂的环境条件下产生的,与某一气候因素不一定有因果关系,这需要日复一日,年复一年,坚持不懈进行同期不同地域的平行观察,以其显示的高相关系数,通过比较、分析,才能把握其中的规律性,在此基础上,制定与之相应的自然历等,协调物候生态伦理关系,这不仅有利于各地因地制宜地进行农业生产,还能促进人与自然生命共同体的和谐共生。

二、人类与物候生态伦理关系生成的历史性

在《物候学》中,从物候学的起源和我国诗词、农书和医书中关于物候的记载,阐述了人类与物候生态伦理关系生成的历史性。

我国最早关于物候的记载,可见于公元前一千年以前的《诗经·豳风·七月》,其中对于物候现象有这样的记载:"四月秀葽,五月鸣蜩。……八月剥枣,十月获稻。"②其后的《大戴礼记·夏小正》是我国现存最古老的一部月令,生动具体地反映了上古先民对一年十二个月天文星宿、气象物候的认识。还有,

---

① 竺可桢的《大自然的语言》已收录于人教版初二上册的语文书中(精读课文),对于在中学生中普及物候学知识起到了重要作用。
② 《四书五经》(上、下册),陈成国校,长沙:岳麓书社,1991年,第344-345页。

《吕氏春秋·十二纪》《淮南子·时则训》《礼记·月令》等,这些书中,已按月记载全年的物候历了。而这些书的物候现象记载都出于《管子》①。如《管子》的《幼官》《幼官图》《轻重己》《四时》中分别有大暑、中暑、小暑、大寒、中寒、始寒、冬至、夏至、春至(分)、秋至(分)等名称。关于节候反常的现象亦有记载:"春行冬政则凋,行夏政则欲";也有关于节候与农时的关系的记载:"夏至而麦熟,秋始而黍熟。"如,《管子·轻重己》曰:"以冬日至始,数四十六日,冬尽而春始。""以冬日至始,数九十二日,谓之春至。""以春日至始,数四十六日,春尽而夏始。""以春日至始,数九十二日,谓之夏至,而麦熟。""以夏日至始,数四十六日,夏尽而秋始,而黍熟。""以夏日至始,数九十二日,谓之秋至。秋至而禾熟。"《逸周书·时训解》更把全年分为七十二候,记有每候五天的物候,其中有曰:"立春之日,东风解冻。又五日,蛰虫始振。又五日,是对上冰。""惊蛰之日,獭祭鱼。又五日,鸿雁来。又五日,草木萌动。""雨水之日,桃始华。又五日,仓庚鸣。又五日,鹰化为鸠。""春分之日,玄鸟至。又五日,雷乃发声。又五日,始电。"因而,《逸周书·时训解》成为一部完善的物候历,北魏时曾附属于历书。南宋时期,浙江金华(婺州)人吕祖谦记载了南宋淳熙七年(1180)和八年(1181)金华的物候,有蜡梅、桃、李、梅、杏、紫荆、海棠、兰、竹、豆蓼、芙蓉、莲、菊、蜀葵和萱草等24种植物开花结果的日期,春莺初到和秋虫初鸣的时间。这是世界上最早的实际观测的物候记录。② 19世纪中叶,太平天国颁发的《天历》,其中《萌芽月令》就是以物候指导农时的月历。

　　《物候学》还指出,物候知识与劳动人民的生产生活实践密切相关,书中列举了华北一带农民口传的《九九歌》③:

> 一九二九不出手;
> 三九四九冰上走;
> 五九六九,沿河看柳;
> 七九河开,八九雁来;
> 九九加一九,耕牛遍地走。

　　其中蕴含"手"(人)与"冰""柳""河""雁""耕牛"之间相互作用生成的物候生态伦理关系。
　　由于物候现象因地域不同而异,因此苏南一带的《九九歌》亦有不同:

> 头九二九相逢不出手,
> 三九四九冻得索索抖,
> 五九四十五穷汉街上舞,
> 六九五十四蚊蝇叫吱吱,
> 七九六十三行人着衣单,
> 八九七十二赤脚踩烂泥,
> 九九八十一花开添绿叶。

　　上述只是冬《九九歌》,其实夏天也有《九九歌》,比如,在湖北一带的《夏至九九歌》:

> 夏至入头九,羽扇握在手。
> 二九一十八,脱冠着罗纱。
> 三九二十七,出门汗欲滴。
> 四九三十六,乘凉进庙祠。

---

① 竺可桢、宛敏渭:《物候学》,长沙:湖南教育出版社,1999年,第2页。
② 同①,第8页。
③ 同①,第6页。

七九六十三,床头摸被单。

八九七十二,子夜寻棉被儿。

九九八十一,开柜拿棉衣。

《物候学》不仅叙述了上述古代典籍和民间的《九九歌》中对物候现象的记载,而且阐述了古代著名的农书中对物候知识的应用。如西汉著名的农学著作《氾胜之书》在其首篇《耕田》的一开头就说,"凡耕之本,在于趣时和土"①,即耕种的基本原则在于抓紧适当时间来耕耘播种。《氾胜之书》还用物候作为一个指标,比如:"杏始华荣,辄耕轻土弱土;望杏花落,复耕。"(《氾胜之书·耕田》)②这是说,杏花开始盛开时,就耕轻土、弱土。看见杏花落的时候再耕。对于种冬小麦,书曰:"种麦得时无不善。夏至后七十日,可种宿麦。早种则虫而有节,晚种则穗小而少实。"(《氾胜之书·麦》)③即夏至后七十天就可以种冬麦,如种得太早,会遇到虫害,而且会在冬季寒冷以前就拔节;种得太晚,会穗子小而籽粒少。④ 对于种大豆,书曰:"三月榆荚时有雨,高田可种大豆。"(《氾胜之书·大豆》)⑤即三月榆树结荚的时候,遇着雨可以在高田上种大豆。⑥ 还有,北魏贾思勰的《齐民要术》关于物候的知识比《氾胜之书》更丰富,该书旁征博引,集古今关于物候与农业伦理关系研究之大成,更加注重物候[人(农民)—作物—农时等]生态伦理关系的协调,即注重物候与农业生产的伦理关系。如《种谷》曰:"顺天时,量地利,则用力少而成功多。任情返道,劳而无获。"(《齐民要术》卷一)⑦即顺随天时,估量地利,可以少用些人力,多得到些成果,而如果只凭主观,违反自然法则,便会白费劳力,没有收获。因而在论述种谷时曰:"二月上旬及麻菩、杨生种者为上时,三月上旬及清明节、桃始花为中时,四月上旬及枣叶生、桑花落为下时。"(《齐民要术》卷一)⑧即二月上旬,当雄麻散花粉、杨树出叶生花时下种,是最好的时令;三月上旬及清明节、桃花刚开是中等时令;四月上旬当枣树出叶、桑树花落是最迟的时令。明代徐光启的《农政全书》共 60 卷,内容宏富,计有农本、田制、农事、水利、农器、树艺、蚕桑、蚕桑广类、种植、牧养、制造、荒政等 12 目。全书既大量考证收录前代有关农业和物候知识的文献,又有徐光启自己在农业和水利方面的科研成果和译述,是当时我国古代农业和物候知识及其应用总汇的百科全书。⑨ 该书《农事》的卷十《总论》与卷十一《占候》中蕴含了丰富的物候知识;《树艺》的卷二十五至二十九记有栽培植物 159 种,其中既包括他广征的历史文献,亦有他实地调查和亲自试验,因而书中所记植物之形态、特征、价值及栽培方法,大多信而有征。尤其是徐光启根据物候知识及相关的物候生态伦理关系的分析,积极将甘薯从拉丁美洲经南洋移植到中国,还推广至黄河流域。他又对我国历史上从春秋到元朝所记载的 111 次蝗灾发生的时间和地点等物候生态伦理要素进行了分析,发现蝗灾"最盛于夏秋之间",得出"涸泽者蝗之原本也"的结论。他还对蝗虫的生活史与物候的关系进行了细致的观察,由此提出了防治办法。⑩

《物候学》还叙述了医书中所记载的物候现象,如明代李时珍的《本草纲目》所载的近 2 000 种药物中,有着极为丰富的植物物候资料。同时,该书的第四十八、四十九两卷记述了候鸟布谷鸟和杜鹃的地域分布、鸣声、音节和出现时间等,这是鸟类物候的翔实记载。⑪

---

① 氾胜之:《氾胜之书》,载《中国文化精华全集·科技卷》,北京:中华书局,2012 年,第 166 页。

② 同①。

③ 同①,第 170 页。

④ 竺可桢、宛敏渭:《物候学》,长沙:湖南教育出版社,1999 年,第 10 页。

⑤ 同①,第 171 页。

⑥ 同④。

⑦ 贾思勰:《齐民要术今释》,石声汉校释,北京:中华书局,2009 年,第 44 页。

⑧ 同⑦,第 45 页。

⑨ 徐光启:《农政全书》,陈焕良、罗文华校注,长沙:岳麓书社,2002 年,前言第 1 - 2 页。

⑩ 同⑨,第 751 页。

⑪ 竺可桢、宛敏渭:《物候学》,长沙:湖南教育出版社,1999 年,第 12 - 13 页。

三、物候学与物候观测发展的世界性

《物候学》还阐述了世界各国物候学与物候观测的历史发展。在欧洲,古希腊的雅典人就已经编制了一年物候的农历。在罗马的恺撒时代,还颁发了物候历。而欧洲有组织地观察物候,始于 18 世纪中叶。瑞典植物学家林奈所著《植物学哲学》一书,提出了物候学的任务,在于观测植物一年中发育的阶段及其进展。他还组织了有 18 个点的观测网,观测植物开花、结果和落叶,从 1750 年到 1752 年,历时三年。这在欧美具有示范性。在林奈之前,欧洲各国也有人观测物候并且将观测记录保存下来。比如,英国的罗伯脱·马绍姆及家族五代人从 1736 年起到 20 世纪 30 年代,其间只缺 25 年(1811—1835),对当地的植物、候鸟和昆虫等 27 种动植物进行了长期观测和记录。这是欧洲年代最长的物候记录。[①]

日本的物候学的研究称为季节学。对于樱花开花的记录从 812 年即我国唐宪宗元和七年,迄今已有一千多年。不过仅限于樱花这一个项目。19 世纪中叶以后到现在,由于农业发展需要,日本的物候观测点已有 1 500 个,主要预报季节的到来,在没有气象记录的地方,可以用自然季节现象资料中气象资料推算,进行历史时代气象变迁研究。[②]

德国的植物学家霍夫曼从 19 世纪 90 年代起建立了一个物候观测网。他选择 34 种植物作为中欧物候观测的对象,亲自观测了 40 年。其后,又由其学生伊内接替。在美国,森林昆虫学家霍普金斯于 1918 年提出了北美温带地区物候现象陆空间分布的生物气候定律。

20 世纪 50 年代以来,由于各国物候观测网的扩大,物候资料更加丰富了。更由于遥感技术和电子计算机等的应用,使物候学的研究在规律的探索和应用方面都得到了更大的发展。

竺可桢既是《物候学》的作者之一,也是我国现代物候学研究的奠基者。我国现代物候的观测始于1934 年,这年,竺可桢组织建立了物候观测网。1962 年,他又组织建立了全国性的物候观测网,进行系统的物候学研究。为了统一物候观测标准,1979 年又出版了《中国物候观测方法》,逐年汇编出版《中国动植物物候观测年报》。

四、物候生态伦理关系生成的规律性

《物候学》阐述了物候现象及物候生态伦理关系生成的决定性因素,同时,这些决定性因素也体现了物候现象及物候生态伦理关系生成的规律性。

首先,物候现象生成的决定性因素之一,亦是物候生态伦理关系生成的规律之一是纬度的影响。[③]表现为物候的南北差异,即纬度越高桃花开得越迟,候鸟也来得越晚。值得指出的是物候现象南北差异的日数因季节的差别而不同。我国大陆性气候显著,冬冷夏热。冬季南北温度悬殊,夏季却相差不大。在春天,早春跟晚春也不相同。如在早春三四月间,南京桃花要比北京早开 20 天,但是到晚春五月初,南京刺槐开花只比北京早 10 天。所以在华北常感觉到春季短促,冬天结束,夏天就到了。还有一个重要的物候,即梅雨的时期,在我国各地也先后不一。

其次,影响物候现象生成的第二个决定性因素,亦是物候生态伦理关系生成的第二条规律就是经度的差异。[④]表现为物候的东西差异,即凡是近海的地方,比同纬度的内陆,冬天温和,春天反而寒冷。所以沿海地区春天的来临比内陆要迟若干天。如大连纬度在北京以南约 1°,但是在大连,连翘和榆叶梅的盛开都比北京要迟一个星期。又如济南苹果开花在四月中或谷雨节,烟台要到立夏。两地纬度相差无几,但烟台靠海,春天便来得迟了。

---

① 同①,第 17 - 18 页。
② 同①,第 18 - 19 页。
③ 同①,第 24 - 29 页。
④ 同①,第 29 - 34 页。

　　再次,影响物候现象生成的决定性因素之三,亦是物候生态伦理关系生成的第三条规律是高下的差异。[①] 表现为山区与平原的物候不同,即植物的抽青、开花等物候现象在春夏两季越往高处越迟,而到秋天乔木的落叶则越往高处越早。不过研究这个因素要考虑到特殊的情况,例如,秋冬之交,天气晴朗的空中,在一定高度上气温反比低处高,这叫逆温层。由于冷空气比较重,在无风的夜晚,冷空气便向低处流。这种现象在山地秋冬两季,特别是这两季的早晨,极为显著,常会发现山脚有霜而山腰反无霜。在华南丘陵区把热带作物引种在山腰很成功,在山脚反不适宜,就是这个道理。

　　最后,影响物候现象生成或者来临迟早的决定性因素之四,亦是物候生态伦理关系生成的第四条规律是古今的差异。[②] 表现为物候古代与今日不同,根据英国南部物候的一种长期记录,比如就以1741 年到 1750 年十年平均的春初七种乔木抽青和开花日期同 1921 年到 1930 年十年的平均值相比较,可以看出后者比前者早九天。

五、物候生态伦理关系具有诗意性

　　《物候学》还考察了中国唐宋诗词中包含的物候知识,进而说明物候生态伦理关系具有诗意性。

　　《物候学》在阐述物候生态伦理关系具有诗意性时,首先引用了南宋诗人陆游的《闲居自述》中的两句诗:"花如解笑还多事,石不能言最可人。"[③]指出花卉和石头虽然没有声音的语言,却有其自己的结构组织表达其本质。比如石头中深藏的种种奥秘都可以用各种科学方法解读,如以化学的同位素之法了解其年龄;地球物理的地震波之法,探测其离开地球表面的深度;还可以地质学和古生物学的地层学之法探索其历史,等等。总之,石头作为生态系统中的要素,各种物候生态伦理关系亦会打上印记。因而石头亦是"大自然的语言",而花卉作为有生命的表现形式,其蕴含的物候生态伦理关系的语言更为生动、活泼。这如同贾思勰在《齐民要术》中将雄麻花、杨树花、桃花、桑树花作为种谷的时令"花语"表征。

　　其次,阐述了唐宋的诗人不仅热爱大自然、关心民生疾苦,而且能领悟大自然鸟语花香所蕴含的物候生态伦理关系的语言。正如明末的学者黄宗羲所概括的那样:"诗人萃天地之清气,以月、露、风、云、花、鸟为其性情,其景与意不可分也。月、露、风、云、花、鸟之在天地间,俄顷灭没;惟诗人能结之于不散。常人未尝不有月、露、风、云、花、鸟之咏,非其性情,极雕绘不能亲也。"(黄宗羲:《南雷文案》卷一,《景州诗集序》)即月、露、风、云、花、鸟作为"大自然的语言"蕴含了物候生态伦理关系及其自然规律。唐宋的诗人将月、露、风、云、花、鸟这些大自然的物候语言融会于诗中,使得物候现象及其蕴含的生态伦理关系充满诗意并传于后世。[④]

　　比如,唐代诗人白居易的《赋得古原草送别》云:"离离原上草,一岁一枯荣。野火烧不尽,春风吹又生。"[⑤]这四句五言律诗指出了物候学中的两个重要规律:一是芳草荣枯一年一度循环;二是这一循环随气候为转移——春风一到,芳草又绿,生机无限。[⑥] 同时亦蕴含"原上""草"与"岁""野火""春风"之间的物候生态伦理关系的相互作用而产生的"枯荣""又生"的草的物候特征。

　　又如,李白的《侍从宜春苑奉诏赋龙池柳色初青听新莺百啭歌》云:"东风已绿瀛洲草,紫殿红楼觉春好。池南柳色半青青,萦烟袅娜拂绮城。"[⑦]这诗里不仅描绘了春天到来的标志:"东风""草""绿""柳色""半青青",而且展现了人与物候的生态伦理关系,如"瀛洲"与"东风""绿""草","紫殿红楼"与"春","池

---

①　竺可桢、宛敏渭:《物候学》,长沙:河南教育出版社,1999 年,第 34 - 36 页。
②　同①,第 36 - 43 页。
③　傅璇琮等:《全宋诗》第 234 卷(60),北京:北京大学出版社,1991 年。
④　同①,第 14 页。
⑤　萧涤非等:《唐诗鉴赏辞典》,上海:上海辞书出版社,1983 年,第 880 页。
⑥　同①,第 14 - 15 页。
⑦　彭定求等:《全唐诗》(上),上海:上海古籍出版社,1986 年,第 391 页。

南"与"柳色""半青青"之间所体现的人与物候的生态伦理关系。

李白另一首《塞下曲》,则描绘了地处西北边塞的天山(祁连山)另一番与内地(上述诗中)全然不同的物候现象:"五月天山雪,无花只有寒。笛中闻折柳,春色未曾看。"①一般而言,五月正值仲夏,在内地正是草木繁盛的季节,而西北边塞的天山却依旧积雪覆盖,无杨柳与花草。这表明在黄河流域海拔超过四千多米的地方,具有既无夏季又无春秋的特点。这里通过"五月""天山雪","无花""只有寒","笛""闻""折柳","春色""未曾看"之间所体现的人与物候的生态伦理关系,可以看出塞外气候与内地的明显差异。

北宋著名政治家、思想家、改革家,唐宋八大家之一的王安石的《泊船瓜洲》云:"春风又绿江南岸,明月何时照我还?"②这里不仅有"春风""又绿"与"江南岸"之间所体现的人与物候的生态伦理关系,还有其人(心情)、物候与社会的伦理关系,尤其是后一句中"明月""何时"与"照我还"更为凸显了人(心情)、物候与社会的伦理关系,也凸显了唐宋的诗人以物候抒情、以物候寄情的写作特征,进而更体现了人与物候的"生态—社会"伦理关系。

再者,这种以物候抒情、以物候寄情、蕴含人与物候的"生态—社会"伦理关系的诗,一是体现在表现初春到来的物候植物杨柳的诗中,因为柳树抽青最早且在我国分布最广——天南地北到处可见。如唐李益的《临滹沱见蕃使列名》云:"漠南春色到滹沱,碧柳青青塞马多。"③刘禹锡在四川所作的《竹枝词九首》(其三)有云:"桥东桥西好杨柳,人来人去唱歌行。"④王之涣的《出塞》云:"羌笛何须怨杨柳,春风不度玉门关。"⑤尽管这三首都是有关杨柳的诗,但其所表达的物候的"生态—社会"伦理关系及其意境相去甚远。二是与上述关注物候植物杨柳诗不同,陆游的《鸟啼》诗则不仅表明他留心物候现象,还注重鸟啼与农时的生态伦理关系,如"野人无历日,鸟啼知四时:二月闻子规,春耕不可迟;三月闻黄鹂,幼妇闵蚕饥;四月鸣布谷,家家蚕上簇;五月鸣鸦舅,苗稚忧草茂……"。⑥ 因此竺可桢称陆游为"能懂得大自然语言"⑦的诗人。

实际上,不仅中国古代的诗词描绘了物候现象及物候"生态—社会"伦理关系,实际上许多山水、花鸟等名画中亦具象化地再现了物候现象及物候生态伦理关系。如,北宋张择端的《清明上河图》,文徵明的《兰竹图》,明代吕纪的《杏花孔雀图》《秋渚水禽图》,明代仇英的《汉宫春晓图》等,在此就不一一列举了。

由上可知,物候现象及物候"生态—社会"伦理关系之所以入诗入画,充满了诗情画意,因为物候现象与"生态—社会"密切相关。

六、当代协调物候生态伦理关系价值的多元性

物候学接近生物学、生态学和气象学,特别是农业气象学。因而研究物候学及物候生态伦理关系,在当代,对于协调物候生态伦理关系具有多元伦理价值。

首先,物候生态伦理关系充分体现了人与自然是生命共同体,因而协调物候生态伦理关系,能促进人与自然生命共同体的和谐。正如蕾切尔·卡逊在《寂静的春天》中所描绘的一种原初的物候现象及物候生态伦理关系和谐样态:

---

① 萧涤非等:《唐诗鉴赏辞典》,上海:上海辞书出版社,1983年,第243页。
② 《宋诗选》,张鸣选注,北京:人民文学出版社,2017年,第159页。
③ 同①,第718页。
④ 同①,第106页。
⑤ 彭定求:《全唐诗》第一册,延吉:延边人民出版社,2004年,第108页。
⑥ 傅璇琮等:《全宋诗》第224卷(40),北京:北京大学出版社,1991年。
⑦ 竺可桢、宛敏渭:《物候学》,长沙:湖南教育出版社,1999年,第16页。

在美国中部有一个城镇,这里的一切生物看来与其周围环境生活得很和谐。这个城镇坐落在像棋盘般排列整齐的繁荣的农场中央,其周围是庄稼地,小山下果园成林。春天,繁花像白色的云朵点缀在绿色的原野上;秋天,透过松林的屏风,橡树、枫树和白桦闪射出火焰般的彩色光辉,狐狸在小山上叫着,小鹿静悄悄地穿过了笼罩着秋天晨雾的原野。沿着小路生长的月桂树、英莲和赤杨树以及巨大的羊齿植物和野花在一年的大部分时间里都使旅行者感到目悦神怡。即使在冬天,道路两旁也是美丽的地方,那儿有无数小鸟飞来,在出露于雪层之上的浆果和干草的穗头上啄食。①

正是这种和谐的物候生态伦理关系,使得"迁徙的候鸟在整个春天和秋天蜂拥而至",而许多旅游者则长途跋涉地来此游览,欣赏这里的风景。这里"洁净又清凉的小溪从山中流出,形成了绿荫掩映的生活着鳟鱼的池塘"②。然而,多年前有一天,当第一批居民来到这儿建房舍、挖井筑仓,该城镇的情况就发生了变化——人们的行为完全颠覆了原来和谐的物候生态伦理关系:

从那时起,一个奇怪的阴影遮盖了这个地区,一切都开始变化。一些不祥的预兆降临到村落里:神秘莫测的疾病袭击了成群的小鸡;牛羊病倒和死亡。到处是死神的幽灵。农夫们述说着他们家庭的多病。城里的医生也愈来愈为他们病人中出现的新病感到困惑莫解。不仅在成人中,而且在孩子中出现了一些突然的、不可解释的死亡现象,这些孩子在玩耍时突然倒下了,并在几小时内死去。③

不仅如此,农场里的母鸡孵窝,但却没有小鸡破壳而出;农夫们饲养的新生猪仔很小,小猪病后也只能活几天;苹果树开花了,但没有蜜蜂飞来授粉,苹果也不结果实。最令人震惊的是人对环境的破坏,使得空气、土地、河流以及大海受到了危险的甚至致命物质的污染。

这种污染在很大程度上是难以恢复的,它不仅进入了生命赖以生存的世界,而且也进入了生物组织内。这一邪恶的环链在很大程度上是无法逆转的。在当前这种环境的普遍污染中,在改变大自然及其生命本性的过程中,化学药品起着有害的作用,它们至少可以与放射性危害相提并论。在核爆炸中所释放出的锶-90,会随着雨水和飘尘争先恐后地降落到地面,停驻在土壤里,然后进入其生长的草、谷物或小麦里,并不断进入到人类的骨头里,它将一直保留在那儿,直到完全衰亡。同样地,被撒向农田、森林、菜园里的化学药品也长期地存在于土壤里,同时进入生物的组织中,并在一个引起中毒和死亡的环链中不断传递迁移。④

这说明,"自然界,就它本身不是人的身体而言,是人的无机的身体。人靠自然界生活。这就是说,自然界是人为了不致死亡而必须与之不断交往的、人的身体"⑤。一旦人破坏了自己赖以生存的环境,即摧残了"人的无机的身体",也就颠覆了物候生态伦理关系的和谐样态,进而不仅影响自然界植物和动物的生存方式,而且直接影响人类自身的生存。因此,习总书记一再强调,"大自然是人类赖以生存发展的基本条件。尊重自然、顺应自然、保护自然,是全面建设社会主义现代化国家的内在要求"⑥。

其次,了解和协调物候生态伦理关系,体现了尊重自然、顺应自然、保护自然的生态伦理精神。《管子·立政》曰:"草木植成,国之富也。""桑麻植于野,五谷宜其地,国之富也。"协调物候生态伦理关系,有利于生态平衡。正如习总书记所说:"只有更好平衡人与自然的关系,维护生态系统平衡,才能守护人

---

① 蕾切尔·卡逊:《寂静的春天》,吕瑞兰、李长生译,长春:吉林人民出版社,1997年,第1页。
② 同①。
③ 同①,第2页。
④ 同①,第4-5页。
⑤ 马克思、恩格斯:《马克思恩格斯全集》第42卷,北京:人民出版社,1979年,第95页。
⑥ 中共中央党史和文献研究院、中央学习贯彻习近平新时代中国特色社会主义思想主题教育领导小组办公室:《习近平新时代中国特色社会主义思想专题摘编》,北京:党建读物出版社,2023年,第378页。

类健康。"①因为协调物候生态伦理关系,就是以物候学应用于预报农时,选择播种日期;应用于安排农作物区划,确定造林和采集树木种子的日期;引种植物到物候条件相同的地区,还能用来避免或减轻害虫的侵害。习总书记指出:"保护生态环境就是保护生产力,改善生态环境就是发展生产力。良好生态环境是最公平的公共产品,是最普惠的民生福祉。"②将物候学应用于了解山区的气候、土壤对农作物的适应情况等物候生态伦理关系,有利于我国耕种大面积的山区土地,促进山区的农业与经济的发展,提高当地人民的生活水平,增强其幸福感和获得感。因此,"绿水青山既是自然财富,又是社会财富、经济财富"③。

再者,协调物候生态伦理关系须将物候学应用于农业和气候学研究,这样可以更好地将尊重自然、顺应自然、保护自然的生态伦理精神落到实处,进而体现生态环境保护和经济发展的辩证统一,即对于生态环境"在发展中保护、在保护中发展,实现经济社会发展与人口、资源、环境相协调,使绿水青山产生巨大生态效益、经济效益、社会效益"④。具体表现为以下几个方面:一是在农业方面,通过编制自然历,指示和预报季节的早晚,作为指示播种和除草的指标,掌握放蜂放牧的季节,预报虫害的发生期,进行作物品种的生态分类,估计植物品种的种植季节和推广范围;二是在气候方面,用物候方法做小区域和山区的气候调查,研究历史时期气候变迁,用物候划分季节;三是在林业方面,据其掌握采种和造林季节;四是在地理学方面,用物候和植物作为自然区划或农业气候区划的指标或辅助指标。因而世界上很多国家,如德、美、俄、日等都很重视物候的观测和研究。比如联邦德国在20世纪60年代初就建立了"欧洲国际物候观测园网"。

总之,《物候学》蕴含丰富的物候生态伦理思想,阐述了物候生态伦理关系的复杂性、人类与物候生态伦理关系生成的历史性、物候学与物候观测发展的世界性,还探索了物候生态伦理关系生成的规律性;展现了物候生态伦理关系充满了诗意性,因而让我们从物候生态伦理关系中更充分地领悟了人与自然是生命共同体,协调物候生态伦理关系对于当代具有价值的多元性,让我们懂得大自然的语言,这不仅能促进农业丰产、发展,推进社会经济的协调发展,而且能促进人与自然生命共同体的和谐共生,进而"让人民群众在绿水青山中共享自然之美、生命之美、生活之美""走出一条生产发展、生活富裕、生态良好的文明发展道路"⑤。

① 中共中央党史和文献研究院、中央学习贯彻习近平新时代中国特色社会主义思想主题教育领导小组办公室:《习近平新时代中国特色社会主义思想专题摘编》,北京:党建读物出版社,2023年,第373页。
② 同①,第375页。
③ 同①,第376页。
④ 同①,第377页。
⑤ 同①,第377页。

现代国家伦理认同的二元逻辑困境及其突围

张轶瑶*

（南京中医药大学 马克思主义学院·医学人文学院，江苏 南京 210019）

摘　要：以先验自然法为根据的自由主义式建构路径，和以历史生存论为依据的民族主义式建构路径，构成了现代性国家的两种构建模式，也形成了理解现代性国家的两种基本逻辑。个体对国家的认同，就是人们基于对国家构成内在逻辑的基本理解，通过否定之否定的辩证过程，让个体最终从自然人上升为"国家公民"—"民族成员"，并在两种身份中达成一种"和解"。另一方面，无法否认的是，以国家构建方式而生成的国家认同之"情感"—"理性"二元逻辑结构，在道德要求、价值诉求、制度建设等各方面都存在着一定程度上的内在张力和对立。立足于中国自身传统政治文化的伦理逻辑，在"互助—共生"的伦理逻辑中寻求一种共同体生活模式的实践智慧，是真正实现现代性国家认同的一条可能性和可行性路径。

关键词：国家认同；"情—理"结构；德性；伦理共生；实践智慧

个体对国家的接纳和认可，即国家认同，是其能够真正践行爱国主义精神的一个必要前提；既是开展爱国主义主题教育的内在要求和应有之义，也是新时代大学生能够正确践行爱国主义精神的必要理论准备。因此，如何在一个价值多元化的现代性社会中，基于中国特色社会主义新时代的特定背景，准确理解和认识国家认同的实质、需求及最终目的，并以此为依据确立政治立场、制定道德规范、把握实践原则、探寻可行性实践路径，就成了我们需要去认真审视和反思的一个时代性问题。而从社会认同理论本身出发，个体对国家的认同，实际上关涉到一种双向承认：向外扩展，其涉及个体对共同体所倡导和追求的整体价值理念和道德目的之认同，即个体对其所在之共同体的公共意志和精神理念的认同；对内延伸，则关系到自我与国家这一实体之间所构建起的一种关系的合法性之确证，即个体自身在"国（整体）—民（个体）"层面所构建之身份的内在认同。基于这一基本解读，国家认同理论研究的一个首要理论准备，就是正确认识和理解现代性"国家"。这实际上涉及的是现代性国家的建构路径及其理解方式的问题。对"国家"本质的理解，直接决定了个体对真正意义上国家"认同"的理解，也决定了个体如何认识自身与国家的关系，以及确定相应身份、角色和责任等问题。

一、当代国家认同的一般性特征及其内在要求

我们首先应该认识到，今天所讨论的国家认同问题，在严格意义上来说是一个现代性问题。或者说，现代性社会中的国家认同问题，是一个从自身时代中发展出来的、区别于传统的、独立的问题。哲学意义上的"现代性"社会，并不是一个单纯的时间名词，它是与那个设定最高价值或终极意义的同质性社会——传统社会相对应的。理性对宗教神圣性的现代性"祛魅"，在使得传统社会中最高价值自我"贬值"和终极意义自我"解体"的同时，也塑造出了现代性社会的基本时代特征：主体性（人的自我解放和反

* 张轶瑶，女，南京中医药大学马克思主义学院副教授，研究方向为道德哲学、政治哲学。本研究是江苏省高水平大学建设项目开放课题"中国共产党话语语体系下的'人民'伦理形态研究"（035091005011）阶段性成果。

思)、异质性(价值的多元化与多样性)、合理性(事物的自我确证)。这也就是哈贝马斯所说的,现代性是一个"可以不再借用这样的标准——从其他时代提供的模式中来选择自身的方向",而是要"从它自身中创造出规范性"的时代①。

对于国家认同问题而言,这样的"现代性"意味着:第一,世界的开放性与价值的多样性冲击着国家建构所需要的内在凝聚力,这对认同所需要寻求的同质性符号提出了时代性要求;第二,个体解放带来的主体自由及反思性特征,对现代性的国家的正当性提出了自我确证之要求,即国家需要为自身提供一个道德的合法性根基与相关合理性的说明;第三,国家自身在近现代历史演进中所形成的道德性格和伦理特征,结合着时代的基本特征,让现代性国家的认同问题成为一个复杂而特殊的时代议题。总的来说,现代性社会中的国家认同问题,是一个既基于国家自身特征,又结合特定的时代特征而产生出的独立的问题。它必须就由谁来认同国家、认同国家什么、如何认同国家、国家如何让其认同等问题做出严肃思考并一一予以回答。

当涉及现代性的国家认同问题时,我们首先要认识到,认同从逻辑上来说首先是建立在差异基础上的——只有当人们意识到某种差异,并要求对这种差异做出区分的时候,认同才是必要且有价值的。也就是说,当我们有意识地想要去寻求某种群体性认同的时候,首先也就意味着我们已经意识到了某种不同,"我们不总是自觉地意识到特定的认同,除非我们起来反对另一个与我们不同的群体"②。而在现代社会中,个体之所以要寻求某种群体认同,是因为现代性社会中一种不可通约的差异性特征为个体带来了各种不确定性和不安全性体验。个体的这种"无根状态",无论是像黑格尔所描述的"飘忽的幽灵",还是被荣格称之为的"失去灵魂的现代人",都使得寻求自我的身份确证与精神归属成为现代人一项迫切的伦理任务。因此,在这样一个充斥着各种差异和高度不确定性的社会中,个体会有意识地去寻求某些共同的、稳定的符号,而这些特定的符号"可以使一个特定人群的成员认同他们共同属于一个相同的共同体"③。

就国家认同而言,现代社会的异质性基本特征就使得"国家"(个体由此而获得的国籍)首先成为一个能够用于区分异同、谋得共识的天然伦理界限:基于"一群特定的人在一片特定的疆土上共同生活"的事实判断,地缘就成为一个人们容易识别且相对稳定的同质性政治地理符号。但是另一方面我们又要意识到,个体对国家的认同和归属又远不止地缘边界这样简单,一来反观人类历史,国家不是天然就有的,其边界的划分仍具有一定的偶然性和任意性;二来展望人类社会未来发展目标,阶级和国家也会有变化甚至消失的可能。因此,我们探讨个体与国家之间的认同,除了去寻求一种外在的、事实上的地域区分与联结之外,还需要凝练、培育一种稳定且连续的特定符号作为内在支撑。基于以上理解,当代关于国家认同问题的讨论,就首先必须回到现代性国家自身建构基本路径的讨论当中,对"如何理解国家"的问题做出规范式的回应和解答。

二、理解国家建构方式的两种基本逻辑

现代性国家的建构路径决定了认识和理解国家的基本方式和内在逻辑。从国家自身发展的历史进程来看,现代性国家的建立路径大致可以分为两种方式:以自然法为依据的自由主义式建构路径,以及以历史生成论为依据的民族主义式建构路径。

霍布斯、洛克等向来主张的自由主义式建构路径,以理性为内在依据,强调的是个体与国家之间的一种政治联系。虽然其理论内部充满了关于国家及其政府功能强弱的诸多争议,但国家通过立法及制

①　哈贝马斯:《现代性的哲学话语》,曹卫东译,南京:译林出版社,2004年,第383页。
②　菲奥纳·鲍伊:《宗教人类学导论》,金泽等译,北京:中国人民大学出版社,2004年,第81页。
③　Anthony Giddens, *Sociology: A brief But Critical Introduction*, London: Macmillan, 1986, p. 155.

定相应的政治、社会制度以使得其公民的基本权利得以保障,则是这一理论主张所达成的一个基本共识。"理性,也就是自然法,教导着有意遵从理性的全人类。人们既然都是平等和独立的,任何人就不得侵害他人的生命、健康、自由或财产。"①在这样一种建构路径下,国家在更多意义上被看作是一个政治共同体,社会政治体制及其基本制度成为个体定义并识别其国家的一个重要的同质性符号,而国家也被视为其公民基本权利保障的现实应答者和主要承担者。

而在民族主义的话语体系下,现代主权国家的建立则与近代以来民族意识自我觉醒所要求的独立与自决具有一种深刻的内在联系。"民族"与"国家"之间的这一联结是一个庞大而复杂的政治哲学主题,但民族主义的一个总体结论是:近现代以来的"民族"(nation),已经不再仅仅指传统意义上的历史的、文化的共同体,它还可以指一种起源于"1789年精神"②,基于对"能够自行确立政治法则,并自行把握政治命运"之信念的确信而建立起来的"国家民族"(staatsnation)③。如孙中山在1924年的演讲中就曾明确指出,"英文中民族的名词是哪逊(即nation——笔者)……我说民族主义就是国族主义,我说民族就是国族。"④在民族主义的这种建构逻辑中,现代性国家实际上就更具一种文化生成论的解释空间。共同的历史、传统及文化成为个体识别其国家的一个重要符号和标识。"国家认同通过对共同文化、共同利益等因素的强调,使不同民族、团体、阶层的人们之间能够在共同的国家认同之上,形成一种高度一致的生存共同体,发挥对社会的整合作用。"⑤

现代性国家的这两条基本构建路径构成了理解国家的两种基本方式——政治的或文化的;而现代性社会中的国家认同也往往沿着这两个路径展开——基于"制度—政治"的国家认同和基于"历史—文化"的国家认同。前者以共同的社会体制与政治制度为同质性符号;后者则以共同的历史经历及形成的民族文化为同质性符号。因此,我们又常常将前者称为政治认同,将后者称为文化认同。这里需要强调的是,尽管不同的国家在各自不同的历史进程中,对于政治身份和文化身份有着不同的偏向和重视,比如有学者认为,在欧洲近代民族形成的历史过程当中,英国、法国以及美国重视的是具有平等政治身份的国民这个面相;而德国、俄国以及东欧突出的是具有共享的血缘、历史和文化的族群身份,因此形成了国民民族主义和族群民族主义两种不同的类型⑥,但一个总体上的事实是,近代以来"族"与"国"的相互联结,使得现代性国家在其自身内部呈现出了一种"民族—国家"(nation-state)的二元结构。这种内部的二元结构,也就是有学者描述的现代国家所呈现的"公民靠自身的力量建立自由而平等的政治共同体"和"天生同源同宗的人们"将自身置于的那种"由共同的语言和历史而模铸的共同体"⑦两张脸孔。从这一意义上讲,"民族—国家"的联结,实际上就是国家作为一个共同体在"文化—政治"层面的某种内在相通、融合及联结。也就是说,世界近现代以来所建立起来的国家,实际上应该既是一个拥有独立主权和政府机构的政治实体,同时又是一个内部包含着一国之共同的历史经历、历史回忆及由此而产生的成员共同意志等各种文化精神元素的文化实体。"国家制度不是单纯被制造出来的东西,它是多少世纪以来的作品,它是理念,是理性东西的意识,只要这一意识已在某一民族中获得了发展。……没有一种国家制度是单由主体制造出来的。"⑧就那些在共同体中生活的个体而言,现代性国家所呈现出的"制

---

① 洛克:《政府论》(下篇),叶启芳、瞿菊农译,北京:商务印书馆,1964年,第6页。
② 即1789年法国大革命。这场大革命为后世留下的政治遗产之一就是宪政政府,通过宪政政府,它建立起了一个至少在理论上是人人平等的开放社会。而在经历这次大革命之后,法国正式成为一个近现代意义上的"民族国家"(nation-state)。
③ 弗里德里希·梅尼克:《世界主义与民族国家》,孟钟捷译,上海:上海三联书店,2012年,第5页。
④ 孙中山:《三民主义》,长沙:岳麓书社,2000年,第2页。但要指出的是,孙中山这里的"民族"和"国族"在很大程度上都具体用于指代"汉族"。
⑤ 解志苹、吴开松:《全球化背景下国家认同的重塑——基于地域认同、民族认同、国家认同的良性互动》,《青海民族研究》2009年第4期。
⑥ 里亚·格林菲尔德:《民族主义:走向现代的五条道路》,王春华等译,上海:上海三联书店,2010年,第9-11页。
⑦ 哈贝马斯:《包容他者》,曹卫东译,上海:上海人民出版社,2002年,第135页。
⑧ 黑格尔:《法哲学原理》,范扬等译,北京:商务印书馆,1961年,第201页。

度—政治共同体"—"历史—文化共同体"的双重特征,使得其在"国—民"层面担负着"民族成员"—"国家公民"的双重身份。

三、国家认同"情—理"二元逻辑的内在张力

基于以上理解,个体对现代性国家的认同,实际上就是一方面要让个体对国家的"政治—文化"价值理念作出正确理解并形成接纳和认可;另一方面则要引导个体对自身在"国—民"层面的身份作出清晰的自我认知并不断内化,最终实现个体主体性与共同体规范性之间的"和解",在实际生活中正确践行爱国主义精神。但我们必须要深刻意识到的是,个体成员身份所依据的内在逻辑,与其公民身份所遵循的内在逻辑,并不总是一致的,其内部具有一种天然的张力甚至冲突,这也是当代国家认同研究在实践上常常面临诸多困境或疑惑的根本原因所在。一般意义上讲,文化认同的内在逻辑是一种情感逻辑,也就是说,民族成员之间以及成员与其民族共同体之间,以一种情感式思维方式维持着相互之间的关系。而另一方面,对现代性国家的政治认同所主要遵循的则是一种理性的内在逻辑。换言之,公民之间以及公民身份与国家之间,往往以一种理性思维方式来处理相互关系及公共生活。而情感逻辑和理性逻辑之间,又并不总是天然一致的。这种不一致性从本质上来说,是由共同体利益与个体权利之间在价值取向上的内在张力所决定的。

文化认同一开始是基于一种"传承"观念,它将同宗同祖之血缘、语言文字、风俗习惯等自然的或真实的文化符号视为区分标志,从而形成了各种族群意义上的原生民族。而随着族群之间交流的频繁和日益融合,"传承"的内容和对象也逐渐扩大化和抽象化,"共同的政治经历""共同的民族历史"等,都被视作可以由一代又一代的民族成员继承和传递的内容。而基于这些共同经历和历史形成的那些抽象性、象征性的文化符号,如共同体成员之间通过共同的民族经历和历史而"产生的共同回忆",以及"与过去发生事件联系着的集体的骄傲和耻辱、快乐和悔恨"等[1],都被视为民族成员之间特有的同质性符号。也正是这样一种抽象的、精神意义上的"传承"概念,构成了今天"同胞"概念的合理性基础:在一个特定的文化共同体中,那些被我们看成"同胞"的人,背负着共同的命运和历史,这些命运和历史不是个体所经历的,而是从民族这个"母体"继承而来的。在成员身份的角色设定中,个体在处理与他人及共同体的关系时实际上运用的是一种情感式逻辑。在共同体的公共生活中,"人们不仅仅是因为利益而且是因为他们的感情而活着,他们要靠气愤、悲痛、焦虑、嫉妒、友爱、恐惧和热爱生活而活着。"[2]这样的情感使得个体对国家保持一种情感上的"忠诚",行为上的奉献,以及对其他民族成员的"感同身受"(同胞意识)。

近代以来的自然法者们则更为强调理性的优先性和重要性,他们认为,"当理性被抛到一边时,人的意志便随时可以做出种种无法无天的事情来"[3]。因此,人们通过运用自身理性力量,相互谈判、协商而订立各种契约,就是解决其公共生活问题的主要手段。这样一来,在建立现代性国家时,其往往更为依赖各种政治、法律制度及国家自身内外部的暴力工具,或者说,他们更强调的是国家的法律、制度等政治属性。在这样一种逻辑下,现代性国家的政治功能,即我们上文所说的"制度—政治共同体"之特征则更为突出。"民族—国家……是统治的一系列制度模式,它对业已划定边界(国界)的领土实施行政垄断,它的统治靠法律以及对内外部暴力工具的直接控制而得以维护。"[4]而个体的利益是否能够得到保障,则是其是否认同国家政治制度的一个重要衡量标准。因此,在国家公民的身份设定中,人们更加强调理

---

① 约翰·罗尔斯:《万民法——公共理性观念新论》,张晓辉、李仁良、邵红丽、李鑫等译,长春:吉林人民出版社,2011年,第18页,注释1。
② 爱德华·莫迪默、罗伯特·法恩:《人民·民族·国家:族性与民族主义的含义》,刘泓、黄海慧译,北京:中央民族大学出版社,2009年,第21页。
③ 洛克:《政府论》(下篇),叶启芳、瞿菊农译,北京:商务印书馆,1964年,第100页。
④ 安东尼·吉登斯:《民族—国家与暴力》,胡宗泽、赵立涛译,北京:生活·读书·新知三联书店,1998年,第147页。

性在政治治理中体现出的"审慎""反思"精神,其更为关注的则是共同体的制度性和规范性问题。法治、公正、民主等现代性政治道德在这一维度上也才具有实质性意义。

我们必须认识到的是,情感逻辑以历史生成论依据的民族主义式建构路径和理性逻辑(或者更具体地说"忠诚"与"反思"、"奉献"与"获得"、"自我牺牲"与"维护权利"之间)并不是天然一致的,甚至在某些极端的时候会面临着价值的选择或优先性排序的问题。这是因为从目的论上讲,情感逻辑在根本上更为强调的是整体价值诉求,因此,它对个体的根本道德要求是"忠诚",其道德责任则在于维护国家的根本利益;而理性逻辑则更为注重个体的价值诉求,它对个体的道德要求在于"审慎",其道德责任在于审视反思国家的制度建设。那么,一个显而易见的问题就是,在对国家保持忠诚与对国家制度保持理性审视之间,实际上是存在着一种内在性张力的。在国家认同的具体体验和实践中,我们经常会遭遇到的一个难题就是在理性批判和情感忠诚上似乎难以做到逻辑自洽。这实际上是由于情感逻辑的要求和理性逻辑的要求相互拉扯,使得个体往往会在自己"国—民"层面的两种身份和两种责任之间徘徊或感到困惑。

通过追本溯源,我们发现情感逻辑背后的国家合法性和合理性源自于其共同体成员在历史文化中所生成的公共意志;而理性逻辑背后所关涉的国家合法性和合理性根基则是个体的基本权利。民族成员身份的自我认同有助于国家形成一种强大的整体性力量;而公民身份的自我认同则有助于国家和社会制度的不断革新和完善。正如前文所说,无论现代性国家更加倾向于"历史—文化"维度,还是更偏向于"制度—政治"维度,现代性国家的"两张脸孔"实际上意味着现代性国家认同是一种基于"政治—文化"双重维度的复合认同,即融合了"情感—理性"二元逻辑结构的国家认同。民族主义者不会否定国家的制度性作用,并且会越来越意识到"政治民族主义是民族主义思想体系中最重要的形态。它强调民族主义的政治属性与追求'民族国家'的政治实践紧密联系在一起,其基本目标就是建立一个属于特定民族的国家和政府"[①]。而自由主义者也会承认民族自身文化对现代性国家的巨大整合作用,认为共同的民族经历及文化理念会使得其共同体成员"比之和其他人们更愿意彼此合作",其成员"希望处在同一个政府之下,并希望这个政府完全由他们或他们中的一部分人治理"[②]。 因此,当下的国家认同理论研究,也需要遵循现代国家建构路径及其理解方式的内在基本逻辑,在"情感—理性"的双重维度上引导个体对国家实现一种复合性的认同。

有效平衡情感逻辑和理性逻辑就是当代国家认同理论必须予以解答和回应的问题。有学者提出将国家认同从复合认同中"退回"到单一认同中,即只保留个体的单一身份,国家认同的这一困境似乎就能彻底解决。但这种粗暴的"撤退式"思维,不仅片面地解释了国家的价值并剥夺了个体的价值选择,而且从根本上来说,这一做法是错误的甚至是危险的。阿马蒂亚·森(Amartya Sen)在他的《身份与暴力——命运的幻象》一书开篇中就指出,"单一身份的幻象比那种多重的和多样的身份分类更具有分裂性"[③]。伴随着单一身份的高度认同性所出现的,是一种极端的排他性。从本质上来讲,单一认同会迫使人们退回到某种单一伦理边界(宗教的、文化的、政治的等),拒绝与其他群体进行交流、融合与相互帮助,最终撕裂整个世界和人类。因此,寻求一种合理运用"情—理"逻辑的实践智慧,缓和其内部张力,使其在个体内部达成一种"和解",才是当代国家认同能够从困境中真正"突围"的一种可能性途径。

四、第三种国家认同的方式:超越二元对立逻辑的伦理"共生"模式

"情—理"二元逻辑结构的内在张力给当代国家认同理论带来的困境和难题是一个普遍性问题。关

---

① 徐嘉:《中国近现代伦理启蒙》,北京:中国社会科学出版社,2014 年,第 175 页。

② 约翰·罗尔斯:《万民法——公共理性观念新论》,张晓辉、李仁良、邵红丽、李鑫等译,长春:吉林人民出版社,2011 年,第 18 页,注释 1。

③ 阿马蒂亚·森:《身份与暴力——命运的幻象》,李凤华、陈昌升、袁德良译,北京:中国人民大学出版社,2009 年,第 15 页。

于这一问题的讨论,如果我们要回到自身的国家认同理论之中,希望在实践中去具体解决这一难题,那么就必须将准确理解和认识我们自己的国家作为问题的起点,以国家自身的历史发展特征及性质为依据,在理解国家的基础之上去寻求一种可能性路径。那么,如何理解自身国家认同中"情—理"二元结构关系,就是我们接下来需要进一步探究的问题。

从历史发展的角度来看,中国近代以来特殊的历史经历决定了其共同体成员理解国家特殊的方式。较之于他国成员而言,当代中国人民具有一种更为强烈的民族意识,而同时又深刻地认识到民族独立与国家发展之间相辅相成、互为一体的辩证统一关系。更确切地说,如果说"爱国主义"在中国传统文化中还只能说是知识分子群体固有的一种政治情怀,那么中国近代以来的民族民主运动,实际上已经将爱国主义上升为了整个中国民族精神的核心。"五四运动"之所以被称为一个转折和标志,其中很重要的原因就是这场运动意味着整个民族的最终觉醒,而抗战救国、万众一心也成为苦难的民族记忆之后全体民族成员所形成的共同精神意志。可以说,中国近代以来的遭遇和历史,加速了中国"族"(文化)与"国"(政治)之间的相互联结融合,"中华民族"和"中国"也因此有了一种内在的一致性——"如果说'中华民族'这个概念在 20 世纪梁启超提出之初还是一种'伦理虚体',那么经过九一八事变之后,抗战建国作为最高目标成为中华民族的全体共识,中华民族已经逐渐由'伦理虚体'向'伦理实体'转变。"①

在这样一种对国家的理解方式之下,我们与其苦苦纠缠于西方传统中休谟的情感主义与理性主义的对立与矛盾之中,不如将目光与视角转向自身,从植根于传统的文化内部去寻求一种可能性途径。在这一考虑下,第三种逻辑模式,即中国儒家思想内部生成的"情—理"结构模式及其相关主张就进入了我们的考察视野范围之中。大致来说,儒家的"情—理"结构,在本质上可以视为"仁—义"之合。"仁义"观作为其文化理想的总根源②,首先构成了儒家思想的逻辑起点。"仁"是内在依据,而"义"是外在行为,这就是荀子所说的"仁,爱也,故亲;义,理也,故行"(《荀子·大略》)。"仁"的具体内容是"爱人",即"仁者爱人"(《论语·颜渊》),"仁爱"原则作为一种出自其自身心性的道德情感,在先秦儒家思想中居于中心地位;而依据仁爱的要求而规定出的义行,就是人们道德行为的规范性原则,这就是儒家所说的"居仁由义"。因此,情在理前,理在情后,情理相融,就构成了我们今天所说的"合情合理"。"情理(梁漱溟又称为"情义"③),合宜的情就是义,也就是理,其情益亲,其义益重,充分表现了情与理的内在合一性。由此构成了儒家思想的一个重要特征:合情理"④。因此,在先秦儒家思想的逻辑结构中,"情"和"理"就不是处于一种二元的对立状态之下,而是在伦理道德的作用之下将情感与理性统摄起来,达至仁爱精神和正义原则的相互统一。

这种"情—理"的交互结构实际上蕴含了一种对国家认同极具启示意义的政治实践智慧:首先,"合情合理"要求个体对亲人、对"他者"(人民)、国家乃至天下要有一种关爱和悲悯情怀。无论是中国传统的"修身、齐家、治国、平天下"的政治抱负,还是当代所提倡的"我将无我,不负人民"的政治情怀,实际上都是一种将个人价值和命运与他者、共同体的价值和前途合二为一的关系性思维模式。在这样的思维模式下,个体与他者、共同体的价值关系就不再时时处于一种"非此即彼"的二元对立状态,而处于一种互动共生的伦理关系当中,相互需要、相互成就。第二,"合情合理"的出发点在于个体的心性,它实际强调的是主体之"道德心"(良知)的重要性。在这一逻辑前提下,个体对于共同体的逻辑就不再仅仅是"获得"或"索取"的单向维度,即仅仅要求共同体对个体作出基本权益的道德承诺(尽管共同体对个体是应该有这样一种道德承诺和责任的),它更多地强调个体对共同体的义务和责任,即儒家所说的"克己复

———————————

①　都萧雅:《后学衡时期的民族国家伦理认同建构——以〈思想与时代〉同人的言说为中心》,《东南大学学报》(哲学社会科学版)2019 年第 5 期。

②　牟宗三:《道德的理想主义》,长春:吉林出版集团有限责任公司,2010 年,第 193 页。

③　方用:《20 世纪中国哲学建构中的"情"问题研究》,上海:上海人民出版社,2011 年,第 32 页。

④　赵法生:《情理、心性和理性——论先秦儒家道德理性的形成与特色》,《道德与文明》2020 年第 1 期。

礼"的内在要求。第三,情感与理性的融合,外化为一种社会秩序与规范,即所谓"仁体礼用"。由此,依据情感逻辑所制定出的一种具有差序格局的社会结构,与安伦尽分的道德要求,实际就将个体"是"与"应该"之间的缝隙弥合了起来。

这种植根于中国自身传统中的"情—理"结构,对于当代我国国家认同理论的启示意义在于:第一,它启用的是一种价值论逻辑,而非西方传统式的本体论逻辑。也就是说,要将个体命运置于与他者、共同体的相互联系中,让个体意识到,其自身的存在,与其他社会成员(公民)、民族、国家的存在既有一种情感上的相通,也有一种利益上的相融。第二,其对个体道德感知和伦理觉悟的强调,实际上在一定程度上对社会制造"精致的利己主义者"有着抑制作用。国家认同(或爱国主义)的极致是个体的一种伦理觉悟,如陈独秀所说,伦理觉悟"为吾人最后觉悟之最后觉悟",只有当个体运用"情—理"逻辑,将对国家的认同转化为一种伦理上的觉悟,才能真正内化于心,并付诸行动。第三,其依据这种"情—理"结构所制定的行为规范和社会秩序,实际上为道德行为规定了相应的道德原则和伦理依据。国家认同实践也一样,基于一种以"爱"为内核的情感逻辑,对人民利益、民族团结、国家主权的坚决维护,忠诚于国家和人民,是国家认同理论的道德原则,也是一道不可逾越的底线。当然,我们也充分认识到在这样一种"情—理"结构中,实际上遵循的是"从内到外"的道德顺序,主要强调的是个体的道德能力和伦理觉悟,更多地是去讨论个体对共同体的作为和贡献。其关于共同体对个体的道德关怀和伦理承诺的维度确实有所欠缺,它有可能会剥夺或否定个体的"道德冲动"[1],从而潜藏着一种共同体对个体的暴力之可能。从这一层面上讲,共同体对个体的道德关怀,就是我国自身在现代性国家建设中需要反思和加强的一个维度。先秦儒家实践智慧的启示在于,在践行国家认同理论过程中,要引导个体将其与共同体的关系置于一种互动共生的关系逻辑中,基于爱与忠诚的情感逻辑,强调个体对共同体的道德义务和伦理责任,并以此作为行为规范原则,在理性逻辑下引导其具体行为选择和社会实践。同时,在当代国家认同的具体实践过程中,个体还应当积极参与政治制度建设,使得国家通过社会制度建设保护人民的切身利益,加强共同体对个体的生命关怀和道德责任。

五、结语

最后,还需稍作强调的是,将中国传统思想中的"情—理"逻辑适当运用于我国当代的国家认同理论研究之中,并不是为了迎合中国传统思想中的思维方式而将其"生搬硬套"于国家认同教育之中;也不是简单地将国家认同逻辑完全等同于儒家内在逻辑结构,不加审视、不加反思地"拿来"就用。本文最重要的意图,是要回到现代性国家的建立路径当中,通过追溯现代性国家的不同理解方式,探寻当代国家认同教育逻辑困境和难题的根源所在;并依据我国自身的历史发展进程和民族经历,在中国自身的文化结构中寻求一种可行性思路,为解决我国当代国家认同难题提供一种可能性途径,也为我国开展国家认同教育的基本方向、实践方式、具体内容等提供一种基础性理论研究。

---

① 樊浩:《从本体伦理世界观到生态伦理世界观——当代道德哲学范式的转换》,《哲学动态》2005 年第 5 期。

重回本真伦理：从道德绑架到道德宽容

——基于情境伦理学视角

谭 舒*

（广州南方学院 马克思主义学院，广东 广州 510970）

摘 要：基于情境伦理学视角，本文探讨了情境伦理、道德绑架、权力滥用、本真伦理和道德宽容之间复杂和微妙的关系。情境伦理并不一定导致道德绑架和权力滥用，而是取决于对其理论内涵的正确理解和运用。同时，本真伦理是情境伦理的道德核心，也是实现道德宽容的必要条件。借助于文献法和思辨法，一方面，深化对情境伦理学的理解和运用，避免其被误解或滥用，从而提升其在当代社会中的实践效果和影响力；另一方面，促进道德宽容的形成和发展，为解决道德绑架与权力滥用提供一种有效的途径和策略，从而增进个人、群体或社会的道德水平和道德氛围。

关键词：情境伦理；道德绑架；权力滥用；本真伦理；道德宽容

　　道德问题和冲突是当代社会中普遍存在的现象，它们涉及个人、群体或社会的价值观、利益诉求和行为选择。如何理解和处理这些道德问题和冲突，是一个重要而复杂的课题。在众多道德理论中，情境伦理学是一种比较有影响力的流派，它主张根据具体情境中的爱等本真性的道德原则来灵活调整伦理法则或规范。情境伦理学有其合理性和优势，但也面临着一些挑战和困境，其中之一就是可能导致道德绑架和权力滥用的风险。道德绑架是指一种利用道德作为权力资源来影响他人行为选择和利益状况的行为，它可能与其他形式的权力滥用相结合或相冲突，从而产生不同的效果。道德绑架和权力滥用违背了情境伦理学的本意和精神，也威胁了个人、群体或社会的正义和和谐。那么，如何避免或抵制这些不良后果呢？本文认为，本真伦理是情境伦理学的道德核心，也是实现道德宽容的必要条件。本真伦理是一种真正根植于内心、具有高尚道德情操的价值多元主义，它要求人们在不违背本真伦理之自然反应的基础上，尊重和包容自己、他人或社会不同或相反的道德观念、价值观或行为方式，从而形成道德宽容。本文将从情境伦理学视角出发，探讨情境伦理、道德绑架、权力滥用、本真伦理和道德宽容之间复杂和微妙的关系，为当代社会中的道德问题和冲突提供一些启示和借鉴。本文所用的方法为文献法和思辨法，通过查阅相关文献资料，对各个概念进行梳理和分析。同时，通过运用逻辑推理、因果分析、对比论证等方式，对各个概念之间的关系进行探讨和阐释，从而为本文提供思想深度和论证力度。本文的意义在于，一方面，它有助于深化对情境伦理学的理解和运用，揭示其道德核心和价值取向，避免其被误解或滥用，从而提升其在当代社会中的实践效果和影响力。另一方面，它有助于促进道德宽容的形成和发展，为解决和化解道德问题和冲突提供一种有效的途径和策略，从而增进个人、群体或社会的道德水平和道德氛围。

---

　　* 谭舒，女，1987年生，云南昆明人，东南大学哲学博士，现为广州南方学院马克思主义学院讲师，主要研究方向为道德哲学、科技伦理学、现象学美学。

一、情境伦理学的学术史梳理及其学理内涵

情境伦理学(situational ethics)也被称为情境主义(situationism),是一种基于宗教的伦理理论,它将伦理原则应用于各种情境中。最初由约瑟夫·弗莱彻(Joseph Fletcher)在 20 世纪 60 年代提出,该方法允许运用基督教《新约》中的禁令来约束人们的伦理反应,以这样的方式来表达对上帝的爱。当出现明显与这些禁令矛盾的其他道德命令时,后者将被取而代之。[①] 情境伦理学的主要观点是:唯一绝对的是爱(agape),其他一切都是相对的,爱是每个决策背后的动机和标准。只要是出于爱,为达结果可以不择手段。公义不是写成文字的法律,它存在于爱的付出中。[②]

情境伦理学的理论特征有以下几个方面:它是一种实用主义(pragmatism)的伦理学,认为凡有用的或有效的事,就是对的。它是一种相对主义(relativism)的伦理学,认为没有固定的法则或标准,一切都取决于具体情境。它还是一种实证主义(positivism)的伦理学,认为信仰的命题不是出于理性的证据,而是由于志愿的接纳。同时,它也是一种个人主义(individualism)的伦理学,认为我们所关心的不是事物,而是人。[③] 情境伦理学可以应用于各种领域和问题,如社会伦理、医学伦理、坏境伦埋、性伦埋等,它可以帮助人们在面对复杂和多变的现实情况时,做出灵活和合适的道德判断和选择。

从以上分析可知,情境伦理学至少有以下几个方面的价值与意义:它强调爱作为基督教伦理中最高和最本质的原则,并试图将其运用于各种具体情境中。它反对法理主义(legalism)和道德主义(moralism)的僵化和狭隘,提倡一种更加人性化和灵活化的伦理态度和方法。它关注个人的主体性和责任性以及个人与他人、个人与社会、个人与神之间的关系和互动。它反映了现代社会中的一些道德困境和价值冲突以及人们对于更加自由和多元的道德选择的需求和追求。

情境伦理学作为一个术语,最早出现在 20 世纪中叶的欧美社会,当时正是第二次世界大战后的冷战时期,社会面临着核威胁、种族歧视、人权危机等重大问题,同时也出现了科技革命、文化多元化、道德解构等现象,传统的道德观念和价值体系受到了严重的挑战和冲击。在这样的背景下,一些基督教神学家和哲学家开始寻求一种新的伦理思想和方法,以适应时代的变化和需求。他们认为,既不能沿袭法理主义或道德主义的绝对主义(absolutism)立场,也不能陷入相对主义或虚无主义(nihilism)的极端立场,而应该根据不同的情境和环境,灵活地运用爱这一基督教最高的道德原则,来做出最合适和最有利于人类幸福的道德决策。这就是情境伦理学或情境主义的基本思想。[④]

如上所述,情境伦理学的代表人物是美国圣公会神学家约瑟夫·弗莱彻,他在 1966 年出版了《情境伦理学:新道德》(*Situation Ethics: The New Morality*)一书,系统地阐述了他的情境伦理学理论,引起了广泛的关注和讨论。除了弗莱彻之外,还有一些其他神学家和哲学家也对情境伦理学作出了贡献或影响。例如,英国圣公会神学家约翰·A. T. 罗宾逊(John A. T. Robinson)在 1963 年出版了《诚实面对上帝》(*Honest to God*)一书,提出了一种基于情境的神学,主张将上帝的爱作为信仰和生活的中心,而不是遵循传统的教义和规范。[⑤] 德国新教神学家鲁道夫·布尔特曼(Rudolf Bultmann)在 20 世纪 50 年代提出了一种基于存在主义(existentialism)的解经学(hermeneutics),主张将圣经的信息与现代人的处境相联系,而不是按照字面意义来理解。[⑥] 美国新教神学家保罗·蒂利希(Paul Tillich)在 20 世纪 50 年代提出了一种基于文化分析的神学方法,主张将上帝的爱作为终极关怀(ultimate concern),而不

---

① See to Fletcher J. *Situation ethics: The new morality*. Philadelphia: Westminster Press, 1966.
② 同①。
③ 同①。
④ See to Rosenthal S. B. Situation ethics. Encyclopedia Britannica. https://www.britannica.com/topic/situation—ethics.
⑤ See to Robinson J. A. T. *Honest to God*. London: SCM Press, 1963.
⑥ See to Bultmann R. *Jesus Christ and mythology*. New York: Scribner,1958.

是一个超越的实体。① 法国存在主义哲学家让-保罗·萨特(Jean-Paul Sartre)在 20 世纪 40 年代提出了一种基于自由选择的伦理学,主张人是自己命运的创造者,而不是受到任何规则或价值的束缚。② 法国女性主义哲学家西蒙娜·德·波伏娃(Simone de Beauvoir)在 1949 年出版了《第二性》(The Second Sex)一书,提出了一种基于性别平等的伦理学,主张女性应该摆脱男性制定的社会角色和道德标准,而根据自己的处境和需要来决定自己的生活方式。③

可见,情境伦理学虽然最初是基于基督教爱的概念,但在之后的发展和应用中,也出现了一些超出基督教之外而寻求另外根源的伦理原则,譬如,人本主义的、道德相对主义的、情感伦理学的,等等。

诚然,情境伦理学有其内在逻辑和产生背景的合理性,譬如,情境伦理学从一个动态性的、基于具体情境因素的视点出发衡量一切情境中什么样的行为最符合爱(或其他根源性原则)的要求,但同时它也意识到,每个情境都有其独特性和复杂性,需要根据具体条件和后果,做出灵活和适当的道德选择,既保持道德的本源性和灵活性,也遵循道德的合理性和责任性,力图在每个具体情境中,做出最有利于人类福祉和社会和谐的道德选择。但情境伦理学也可能存在以下几个方面的缺点:它过于强调爱作为唯一绝对的原则,而忽视了其他可能有价值或必要的原则或规则,如正义、诚实、忠诚等。一方面,它过于依赖个人或群体对爱的定义和判断,而缺乏客观和普遍的标准或准则,可能导致道德相对主义或虚无主义;它过于理想化或美化了爱的概念和实践,而忽视了人性的弱点和罪恶,可能导致道德自欺或欺骗。另一方面,它过于注重个人或群体对情境的分析和评估,而忽视了历史、文化、社会等更广泛和深远的因素或影响,可能导致道德短视或偏见;它过于简化或忽略了道德冲突或困境的复杂性和多样性,而试图用一种单一或统一的解决方案来应对,可能导致道德失灵或失效。

从以上看似矛盾的分析也可看出情境伦理学内部某些晦暗不明的矛盾之处,譬如,人们可能会问,在现实生活中,或许只有具备自觉、清晰且稳定的道德水平的人,才能够宣称自己有资格秉持情境伦理的诸原则。因为,情境伦理的前提恰是有一个源初的、本真的、流动的、灵活的道德感知,然而,当人们的道德水平不够,却如若声称自己遵循着情境伦理,那么,这可能恰恰会消解道德本身的内涵,并且,如此一来,这样的人可能会因缺乏内心的道德依止而随意成为设立道德标准甚或是伦理标准的人,如果是这样,便存在着一种自欺欺人的危险。为了回应这个问题,焦点似乎转移到了考察具备何种道德品性的人可以秉持情境伦理。

情境伦理要求人们在每个具体情境中,根据爱(或其他根源性原则)的要求,做出最合适或最可接受的道德判断和行为。这需要人们具备以下几方面的能力和素质:道德敏感性(moral sensitivity),这是指人们能够察觉、识别和理解不同情境中所涉及的道德问题和利益相关者的需求和感受。这需要人们具备一定的道德知识、经验和想象力,以及对自己和他人的同理心和尊重。④ 道德判断力(moral judgment),这是指人们能够分析、评估和选择不同情境中最合适或最可接受的道德行动方案。这需要人们具备一定的道德原则、标准和理由,以及对自己和他人的责任感和公平感。⑤ 道德行动力(moral action),这是指人们能够执行、实施和支持不同情境中最合适或最可接受的道德行动方案。这需要人们具备一定的道德技能、资源和策略,以及对自己和他人的勇气和承诺。⑥

---

① See to Tillich P. *Love, power, and justice: Ontological analyses and ethical applications*. Oxford: Oxford University Press, 1954.

② See to Sartre J.-P. *Existentialism is a humanism*. Philadelphia: Philosophical Library, 1946.

③ See to De Beauvoir S. *The second sex*. New York: Knopf, 1949.

④ See to Rest J. R. *Moral development: Advances in research and theory*. New York: Praeger, 1986.

⑤ See to Kohlberg L. *Essays on moral development: Vol. 2. The psychology of moral development*. San Francisco: Harper & Row, 1984.

⑥ Blasi A. "Bridging moral cognition and moral action: A critical review of the literature." *Psychological Bulletin*, 1980; 88(1), pp. 1 - 45.

如果人们缺乏以上任何一方面的能力或素质，那么他们就难以秉承真正的情境伦理，而可能陷入以下几种错误或困境：道德盲目性（moral blindness），这是指人们不能够察觉、识别或理解不同情境中所涉及的道德问题和利益相关者的需求和感受。这可能导致人们忽视或漠视道德问题，或者对道德问题持有错误或偏见的看法。① 道德相对主义（moral relativism），这是指人们认为没有固定或普遍的道德标准或真理，而只有各种主观或相对的道德观点或偏好。这可能导致人们缺乏对自己和他人的道德评估和批判，或者对不同情境中存在的道德冲突或矛盾持有无所谓或随意的态度。② 道德懒惰性（moral laziness），这是指人们不能够分析、评估或选择不同情境中最合适或最可接受的道德行动方案。这可能导致人们缺乏对自己和他人的道德判断和选择，或者对不同情境中存在的道德困难或挑战持有逃避或推卸的态度。③ 道德软弱性（moral weakness），这是指人们不能够执行、实施或支持不同情境中最合适或最可接受的道德行动方案。这可能导致人们缺乏对自己和他人的道德行动和支持，或者对不同情境中存在的道德压力或风险持有退缩或妥协的态度。④

二、情境伦理学中可能推导出的道德绑架和权力滥用风险

从以上分析可知，判断一个人是否是真诚的、合格的情境伦理践行者，需考察他们是否具备真正的道德敏感性、道德判断力和道德行动力，表现在观察他们是否真诚地关心和尊重他人的利益和感受，而不是只考虑自己的利益和偏好。具体而言，他们是否有充分的道德知识、经验和想象力，能够察觉、识别和理解不同情境中所涉及的道德问题和利益相关者的需求和感受；他们是否有明确的道德原则、标准和理由，能够分析、评估和选择不同情境中最合适或最可接受的道德行动方案；他们是否有足够的道德技能、资源和策略，能够执行、实施和支持不同情境中最合适或最可接受的道德行动方案；他们是否有坚定的道德勇气、责任和承诺，能够面对并克服不同情境中存在的道德困难、挑战、压力和风险，等等。

如果一个人能够在以上方面都表现出积极的态度和能力，那么他可能是一个真正的情境伦理践行者，是一个能够通过全面的道德水平之展现而关心他者的人；如果一个人在以上方面都表现出消极的态度和能力，那么他可能是一个伪情境伦理信奉者；如果一个人在以上方面表现出不一致或矛盾的态度和能力，那么他可能是一个处于道德发展过程中的情境伦理学习者。⑤ 在这个意义上，情境伦理践行者是真正的道德高尚者，情境理论的重要意涵在于以一种灵活的应对方式多元性地表达本真道德的含义：道德并非无原则，而是基于道德理性、直觉、感觉、经验等推而广之，有一种统合自我、他者、环境的广泛而普遍的道德原则，进而可能上升到伦理原则。如果忽视或误解了这一点，则可能成为以情境伦理为幌子而谋求个人道德资本的伪善者。我们可以沿着这个思路合理地推断，当某些伪善之人掌握了社会话语权，便有可能将基于私利而推行的所谓"原则"伦理化、社会化、权力化，这样，可能对其他个体，将构成缺乏道德同感和共情、缺乏道德本真性支撑的伦理压制下的道德绑架。说到底，道德绑架的本质是一种僵化的"自以为是"在他人身上的体现。

什么是道德绑架呢？道德绑架是指人们以道德为砝码，通过舆论压力胁迫他人履行道德或中止与

---

① Lapsley D. K. , Narvaez D. "A social-cognitive approach to the moral personality". In D. K. Lapsley & D. Narvaez(Eds.), *Moral development , self , and identity*(pp. 189 - 212). Mahwah, NJ：Erlbaum,2004.

② See to Rachels J. , Rachels S. *The elements of moral philosophy*(9th ed.). New York：McGraw-Hill Education,2018.

③ Haidt J. , Bjorklund F. "Social intuitionists answer six questions about moral psychology". In W. Sinnott-Armstrong (Ed.), *Moral psychology：Vol. 2. The cognitive science of morality：Intuition and diversity*(pp. 181 - 217). Cambridge, MA：MIT Press, 2008.

④ Bandura A. , Barbaranelli C. , Caprara G. V. , Pastorelli, C. "Mechanisms of moral disengagement in the exercise of moral agency". *Journal of Personality and Social Psychology*, 1996；71(2), pp. 364 - 374.

⑤ See to Rest J. R. *Moral development：Advances in research and theory*. New York：Praeger,1986.

道德相冲突的行为。道德绑架具有道德性、公开性、胁迫性、软约束性等特征。道德绑架是一种道德病态,是一种对道德自由和责任的侵犯,是一种对道德多元和发展的阻碍,是一种对道德判断和行动的误导。道德绑架的概念和表现有以下几个方面:道德绑架的主体是绑架的实施者,他们可能是陷入困难的个人、众人,或者是造势的媒体,他们利用道德的名义,来达到自己的目的或利益,或者是出于自己的情感或偏见;道德绑架的对象是被绑架的人,他们可能是明星、有钱人、公众人物等更容易成为媒体和公众关注的焦点,也可能是普通人、亲友、同事等更容易成为个人和群体关系的牵涉者,他们因为顾及自己的社会道德形象或个人情感关系,而不得不屈服于道德绑架者的要求;道德绑架要求的行为是指绑架者要求被绑架者从事的行为,它包括履行道德行为,如捐款、救助、让座等,以及中止与道德判断相冲突的非道德行为,如离婚、堕胎、辞职等,这些行为可能本身并不符合被绑架者的意愿或利益,也可能超出被绑架者的能力或责任;道德绑架的手段是指绑架者利用的方式,它主要是通过舆论压力来进行。舆论压力可以来自媒体报道、网络评论、社会舆论等公开渠道,也可以来自亲友劝说、同事施压、群体排斥等私密渠道。舆论压力通过对被绑架者进行道德评价、批判、谴责、嘲讽等方式,来影响其心理状态和社会地位,从而迫使其服从。

有几种表达可以用来描述或类比"道德绑架"的现象。例如,moral coercion,这是一种情境伦理学提出的概念,指社会通过法律制裁或公众舆论来强制个人遵守某种道德标准或原则。[①] moral blackmail,这是一种基于情感操纵(emotional manipulation)的概念,指个人通过威胁或诱惑来迫使他人做出符合自己利益或期望的行为。[②] moral hijacking,这是一种基于道德霸权(moral hegemony)的概念,指个人或群体通过自封为道德权威或代表,来将道德为己所用,或者强加给他人。[③] 既然说道德绑架已然涉及公众领域,带有一定虐待性质地行使权力,那么,某种程度上也可以说,情境伦理在没有真正高尚道德作为底座的情况下,很容易成为伪善者以堂而皇之的方式施用权力的场所,这是一种权力被变形、非法地滥用的表现。

权力滥用是指人们利用自己所拥有或控制的权力,违反正当程序、超越职责范围、损害他人利益或公共利益、追求私利或私欲等不合法、不合理、不合规、不合义的行为。权力滥用具有非法性、非正当性、非公平性、非自由性等特点。权力滥用是一种权力病态,是一种对权力本质和功能的误解和扭曲,是一种对权力制约和监督的缺乏和逃避,是一种对权力责任和义务的忽视和违背。权力滥用的概念和表现有以下几个方面:权力滥用的主体是滥用权力的人,他们可能是政治领导、公务人员、企业管理者、社会名人等拥有或控制某种权力资源的人。他们利用自己的权力地位、影响力、信息优势等,来实现自己的目的或利益,或者是出于自己的情绪或偏见。权力滥用的对象是受到权力滥用影响或伤害的人,他们可能是普通民众、下属员工、合作伙伴、竞争对手等处于弱势或依赖地位的人。他们因为无法抵抗或反抗权力滥用者的行为,而不得不忍受不公正或不合理的待遇。权力滥用的行为是指滥用权力者采取的不合法、不合理、不合规、不合义的行为,它包括违法犯罪、贪污腐败、欺诈欺压、隐瞒掩饰、偏袒偏私等。这些行为可能本身就违反了法律或道德的规范,也可能超出了权力滥用者的职责范围或授权限度;权力滥用的手段是指滥用权力者利用的方式,它主要是通过强制威胁、诱导利诱、误导欺骗、隔离孤立等手段来进行。权力滥用者通过对受害者进行暴力施压、物质诱惑、信息隐瞒、关系排斥等方式,来影响受害者行为选择和利益状况,从而达到其目的。

有几种表达可以用来描述或类比"权力滥用"的现象。例如,power abuse,这是一种最常见和最广

---

① Frowe H. "The moral irrelevance of moral coercion". *Philosophical Studies*,2021:178,3465 – 3482. https://doi. org/10. 1007/s11098-021-01609-0.

② Zhang Y. "Moral blackmail and the ethics of emotional manipulation". *Journal of Ethics and Social Philosophy*,2018:14(1),pp. 1 – 23. https://doi. org/10. 26556/jesp. v14i1. 371.

③ Zhihu. 英语里面有道德绑架这个词吗? Retrieved from https://www. zhihu. com/question/30629100.

泛的表达方式，指任何形式和程度的权力被使用得不恰当或不适当。[①] power misuse：这是一种更具体和更细致的表达方式，指权力被使用得超出了其原本应有或预期的目标或范围。[②] power distortion，这是一种更深刻和更复杂的表达方式，指权力被使用得导致了其本身或其影响对象的变形或扭曲。[③] power corruption，这是一种更严重和更危险的表达方式，指权力被使用得导致了其本身或其影响对象的腐败或堕落。[④]

小结以上内容，至此探讨了三个概念。情境伦理，一种伦理理论，主张道德判断和行动应根据具体情境而变化，而不是遵循固定的道德原则或规则。其核心法则是"做慈爱的事"，也就是在每个情境中，选择最能体现爱心和关怀的行动。道德绑架，一种道德现象，指人们以道德为砝码，通过舆论压力胁迫他人履行道德或中止与道德相冲突的行为。其本质是一种僵化的"自以为是"在他人身上的体现，是一种打着"道德"幌子的非道德行为。权力滥用，一种权力现象，指人们利用自己所拥有或控制的权力，违反正当程序、超越职责范围、损害他人利益或公共利益、追求私利或私欲等不合法、不合理、不合规、不合义的行为。其本质是一种对权力本质和功能的误解和扭曲。这些概念之间的内在关联可能包括：

第一，情境伦理与道德绑架之间有一种可能的因果关系，即情境伦理可能导致道德绑架。这是因为情境伦理否认有绝对和普适的道德法则或规范，而只根据具体情境中的爱来灵活运用或调整道德法则或规范。这样可能使得一些人利用情境伦理作为借口，来强加自己的道德观点或偏好给他人，从而构成道德绑架。以上已经论证过，此处不再赘述。

第二，道德绑架与权力滥用之间有一种可能的相互作用关系，即道德绑架可能促进或加剧权力滥用，也可能阻碍或抵制权力滥用。这是因为道德绑架本身就是一种利用道德作为权力资源来影响他人行为选择和利益状况的行为，它可能与其他形式的权力滥用相结合或相冲突，从而产生不同的效果：

首先，道德绑架可以被视为一种特殊的权力滥用行为，它利用道德规范、价值观念、情感诉求等手段来强制或诱导他人做出符合自身利益或意愿的选择，而不顾他人的自由、尊严、权利和利益。道德绑架者通常具有某种社会地位、身份、角色或关系上的优势或影响力，使得他们能够对他人施加压力或诱惑，或者利用他人的良知、责任、恐惧、内疚等心理因素来操纵他人。

其次，道德绑架可能与其他形式的权力滥用相结合，从而加剧权力滥用的程度和危害。例如，政治领域中，某些政治人物或团体可能利用民族主义、爱国主义、宗教信仰等道德话语来掩盖或合理化他们的腐败、暴力、侵略等行为，从而获得公众的支持或默许。社会领域中，某些社会团体或个人可能利用公益、慈善、环保等道德标签来掩饰或美化他们的私利、欺诈、破坏等行为，从而获得社会的认可或赞赏。家庭领域中，某些家庭成员可能利用孝顺、亲情、责任等道德义务来掩饰或强化他们的暴力、虐待、控制等行为，从而获得家庭的服从或忍受。

最后，道德绑架也可能受到其他形式的权力滥用的影响，从而产生不同的反应。例如，在面对不公正、不合理、不合法的权力滥用时，有些人可能选择服从或妥协，从而成为道德绑架的受害者或帮凶。有些人可能选择反抗或抵制，从而成为道德绑架的对抗者或反抗者。有些人可能选择逃避或隐忍，从而成为道德绑架的旁观者或沉默者。

① Pozsgai-Alvarez J. "The abuse of entrusted power for private gain: meaning, nature and theoretical evolution". *Crime*, *Law and Social Change*, 2020:74, pp. 433 – 455.

② Solman P. "The science behind why power corrupts and what can be done to mitigate it." PBS NewsHour, 2016. Retrieved from https://www.pbs.org/newshour/economy/the-science-behind-why-power-corrupts-and-what-can-be-done-to-mitigate-it.

③ Shea C. "Why power corrupts." *Smithsonian Magazine*, 2012. Retrieved from https://www.smithsonianmag.com/science-nature/why-power-corrupts-37165345/.

④ 同上。

第三,情境伦理与权力滥用之间有一种可能的调节关系,即情境伦理可能增强或减弱权力滥用对道德绑架的影响。这是因为情境伦理提供了一种灵活和多元的道德判断和行动方式,它可能使得一些人更容易或更难受到权力滥用者利用道德绑架所造成的影响,也可能使得一些人更容易或更难对他人进行道德绑架。具体情况分析如下:

首先,情境伦理可能增强权力滥用对道德绑架的影响,这是因为情境伦理可能被权力滥用者利用来为他们的道德绑架行为提供借口或理由。例如,权力滥用者可能利用情境伦理的相对性和主观性来否定或贬低他人的道德观念和价值取向,从而强加自己的道德观念和价值取向给他人。权力滥用者也可能利用情境伦理的多样性和变化性来忽视或违反公认的道德规范或法律规则,从而以特殊情况或紧急需要为由来强制或诱导他人做出违背自己良知或利益的选择。

其次,情境伦理也可能减弱权力滥用对道德绑架的影响,这是因为情境伦理也可能被权力滥用影响者利用来抵抗或反制强加于他们身上的道德绑架行为。例如,受到权力滥用影响者可能利用情境伦理的相对性和主观性来坚持或捍卫自己的道德观念和价值取向,从而拒绝接受或服从他人强加给自己的道德观念和价值取向。受到权力滥用影响者也可能利用情境伦理的多样性和变化性来遵守或执行公认的道德规范或法律规则,从而拒绝做出违背自己良知或利益的选择,或者寻求其他更合适的解决方案。

第四,化解道德绑架并进而解决权力滥用问题的根源,在于返回情境伦理的本质之中,找寻并践行本真道德,在个体内部、个体之间、个体与社会、个体与自然之间,形成普遍真实可靠的道德风尚并进而形成真正意义上的,内化并融合了社会交往规则又不失本真性、灵活性、流动性的道德宽容景象。具体而言:

首先,返回情境伦理的本质,就是要回归到情境伦理的创始人约瑟夫·弗莱彻提出的"唯一法则"——"爱的原则"。弗莱彻认为,爱是唯一的道德规范,其他所有的道德规则或原则都是爱的具体化或表现。

其次,找寻并践行本真道德,就是要摒弃那些虚伪、假冒、自私或利己的道德观念和行为,而要坚持那些真诚、正直、无私或利他的道德观念和行为。本真道德不是指某一种特定的道德体系或理论,而是指那些符合人类本性和人类尊严的道德价值和品质。本真道德也不是指某一种固定不变或普遍适用的道德规范或准则,而是指那些能够适应不同情境和个体差异的道德判断和选择。本真道德要求我们在每一个具体的道德情境中,以爱为原则,以理性为工具,以良知为导向,以福祉为目标,以尊重为基础,以责任为标准,以公平为准则,以和谐为理想,来决定最符合自己和他人利益和幸福的道德行为。同时,本真道德也要求我们在每一个具体的道德情境中,不以自己为中心或以他人为工具,不试图影响、操控或改变他人、社会或环境以满足自己的利益或意愿,而是尊重他人、社会或环境的自主性、多样性和发展性,与之建立一种互惠互利、共同进步的合作关系,同样地,自己也不会轻易受到非道德的绑架、控制、伤害与引起报复欲。

最后,形成普遍真实可靠的道德风尚并进而形成真正意义上的、内化并融合了社会交往规则又不失本真性、灵活性、流动性的道德宽容景象,就是要在个体内部、个体与他人、群体、组织、制度、文化等各种社会关系中,建立和发展一种基于本真道德和普遍真实可靠的道德风尚所支撑的道德互动和道德共生模式,使之成为社会生活的一种理想和现实。真正意义上的、内化并融合了社会交往规则又不失本真性、灵活性、流动性的道德宽容景象是一种基于个体自我尊重和他人尊重的道德景象,它不是由外部强加或诱导实现的,也不是为了迎合或反抗外部压力而形成的,而是由个体自己主动参与和贡献的,这种道德宽容景象是一种既符合共性又符合差异性的道德景象,它不是简单划一或多元分裂的,而是能够在不同层面和维度中保持一致性和多样性的。同时,该种道德宽容景象也是一种既符合规则又符合情境的道德景象，它不是僵化固定或随意变通的，而是能够在不同的情况和条件中保持规范性和适应性的。

三、本真伦理与道德宽容

本真道德导向本真伦理，根植于本真伦理之中，才能开出道德宽容之花。首先，什么是本真伦理？本真伦理（authenticity ethics）是一种以个人自我实现为核心价值的伦理理论，它强调个人应该按照自己的内在动机和信念去生活，而不是受到外在规范或压力的影响。本真伦理的起源可以追溯到启蒙时代，当时一些思想家开始反对传统的宗教和道德权威，主张个人自由和理性。例如，卢梭（Rousseau）认为人类天生具有善良和自由的本性，但却被社会和文明所扭曲和束缚。他提倡人们回归自然，恢复自己的真实感受和欲望，他提出了"自然本真"的概念，认为人类应该按照自己的本性和良心去生活，而不是受到社会和文明的腐化和奴役。① 除了这位先驱者，本真伦理的代表性人物还有歌德（Goethe），他在《浮士德》中展示了对人类无限可能性的追求，认为人类应该不断地超越自己，实现自己的完美和幸福。② 海德格尔（Heidegger），存在主义的先驱者，他在《存在与时间》中提出了"本真"（authenticity）和"非本真"（inauthenticity）的区别，认为人类应该从日常生活中的平庸和陷入中解脱出来，面对自己的死亡和存在，实现自己的存在方式。③ 萨特（Sartre），存在主义的代表人物，他在《存在与虚无》中提出了"存在先于本质"的命题，认为人类应该承担自己的自由和责任，通过自己的选择和行动来创造自己的本质。④ 福柯（Foucault），后现代主义的代表人物，他在《疯癫与文明》等作品中分析了知识、权力和身份的形成机制，提倡个人通过不断地改变自己来抵抗规训和控制。⑤

本真伦理的特征可以归纳为以下几点：本真伦理是一种个人主义的伦理，它强调个人是道德判断和行动的主体，而不是社会或他人的附属物。本真伦理是一种反传统的伦理，它否定了任何先验或外在的道德标准或权威，认为个人应该根据自己的内在标准或信念来决定自己的生活方式。本真伦理是一种创造性的伦理，它鼓励个人发挥自己的想象力、创造力和独特性，而不是模仿或遵从他人或社会的期望。本真伦理是一种反规训的伦理，它反对任何形式的压迫、控制或操纵，认为个人应该保持自己的自由和独立，而不是屈从于他人或社会的意志。

其次，什么是道德宽容？道德宽容（moral tolerance）是一种对不同或相反的道德观念、价值观或行为方式接受或尊重的态度，它表现为不干涉、不强制或不歧视他人的道德选择或实践。道德宽容的起源可以追溯到古代，当时一些思想家开始反对暴力、迫害或歧视不同信仰或生活方式的人。例如，柏拉图笔下的苏格拉底在《克里托篇》中主张服从法律，但同时也尊重他人的良知。⑥ 亚里士多德在《政治学》中认为政治制度应该允许多样性和自由。⑦ 启蒙运动推动了理性、科学和人权的发展，促使一些思想家主张道德多元化和普遍化。例如，伏尔泰（Voltaire）在《哲学辞典》中批判了教会和国家对异端和少数派的迫害。⑧

道德宽容的特征可以归纳为以下几点：道德宽容是一种个人主义的态度，它强调个人有权根

---

① 卢梭：《社会契约论》，北京：商务印书馆，2003年。
② 歌德：《浮士德》，北京：中国友谊出版公司，2012年。
③ 海德格尔：《存在与时间》，北京：生活·读书·新知三联书店，2014年。
④ 萨特：《存在与虚无》，北京：商务印书馆，2014年。
⑤ 福柯：《疯癫与文明》，北京：生活·读书·新知三联书店，2010年。
⑥ 柏拉图：《柏拉图全集·克里托篇》，北京：人民出版社，2015年。
⑦ 亚里士多德：《政治学》，北京：商务印书馆，1965年。
⑧ 伏尔泰：《哲学辞典》，北京：商务印书馆，1991年。

据自己的理性、良心或偏好来决定自己的道德观念、价值观或行为方式。道德宽容是一种相对主义的观点,它否定了任何绝对或普遍的道德标准或权威,认为不同的人或社会可以有不同或相反的道德观念、价值观或行为方式。道德宽容是一种非干涉的原则,它要求个人或社会在尊重他人的道德选择或实践的前提下,不对他人施加强制、暴力或歧视。道德宽容是一种平等的价值,它要求个人或社会在承认自己的道德选择或实践合法性的同时,也承认他人的道德选择或实践的合法性。总之,道德宽容是对传统道德权威的反抗和挑战,它试图从外在的规范或压力中解放个人,使其能够按照自己的内在标准或信念去生活。道德宽容是对现代社会多元化的承认和尊重,它试图从日常生活的冲突和对立中调和个人,使其能够与不同或相反的道德观念、价值观或行为方式和平共处。道德宽容是对个人自由和权利的保障和促进,它试图从模仿或遵从他人或社会期望中解放个人,使其能够发挥自己的理性、良心或偏好,实现自己的幸福。或许可以用一个公式来表达道德宽容:道德宽容=对不同或相反的道德观念、价值观或行为方式(他人的道德选择或实践)持有一种开放、包容或欣赏的态度(接受或尊重),并采取一种非暴力、非强制或非歧视的方式(不干涉、不强制或不歧视)。

根据这个定义,我们可以对道德宽容进行以下几种分类:

第一,根据接受或尊重的程度,可以将道德宽容分为积极宽容和消极宽容。积极宽容是指对不同或相反的道德观念、价值观或行为方式持有一种欣赏、赞赏或支持的态度,并主动地参与、促进或保护他人的道德选择或实践。消极宽容是指对不同或相反的道德观念、价值观或行为方式持有一种忍受、原谅或赦免的态度,并被动地容许、允许或忽视他人的道德选择或实践。

第二,根据不干涉、不强制或不歧视的范围,可以将道德宽容分为完全宽容和有限宽容。完全宽容是指对任何不同或相反的道德观念、价值观或行为方式都采取一种非暴力、非强制、非歧视的方式,不对他人的道德选择或实践施加任何形式的干涉、强制或歧视。有限宽容是指对某些不同或相反的道德观念、价值观或行为方式采取一种非暴力、非强制或非歧视的方式,但对另一些不同或相反的道德观念、价值观或行为方式仍然采取一种暴力、强制或歧视的方式,对他人的道德选择或实践施加某种形式的干涉、强制或歧视。

第三,根据不同或相反的道德观念、价值观或行为方式的来源,可以将道德宽容分为个人宽容和社会宽容。个人宽容是指个人对他人不同或相反的道德观念、价值观或行为方式持有一种接受或尊重的态度,并采取一种不干涉、不强制或不歧视的方式。社会宽容是指社会对其成员或其他社会不同或相反的道德观念、价值观或行为方式持有一种接受或尊重的态度,并采取一种不干涉、不强制或不歧视的方式。

第四,根据道德宽容所依据的标准和原则,可以将道德宽容分为自由主义宽容和多元主义宽容。自由主义宽容是指基于个人自由和权利的原则,认为个人有权按照自己的理性、良心或偏好来确定自己的道德观念、价值观或行为方式,只要不侵犯他人的自由和权利,就应该得到他人和社会的尊重和保护。多元主义宽容是指基于文化多样性和相对性的原则,认为不同的人或社会有权按照自己的传统、习俗或信仰来确定自己的道德观念、价值观或行为方式,只要不违背人类共同的基本价值,就应该得到他人和社会的理解和尊重。

总的说来,一方面,本真伦理真正导出道德宽容。本真伦理是一种真正根植于内心、具有高尚道德情操的价值多元主义景象,即听从道德理性指引言思行,在充分尊重与包容自己、他人或社会在不违背本真道德之自然反应的基础上,接纳其一切或某些可能呈现的道德状态并予以某种程度的理解,同时,也不会因某种道德优越性或愧悔等道德负重感而将不是出自本真道德的情感强加或投射到自己、他人或社会身上,始终做到根植于本真道德之根基,对自己有觉知,对他人表友爱,对社会负关切,从而始终拥有一份道德笃定感、界限感与自由感。本真伦理是一种强调个人道德理性、良心和偏好的伦理理论①,它主张人们应该按照自己内在的道德标准或信念去生活,而不受外在规范或压力的影响②,只有这样,人们才能实现自己的幸福和自由③。另一方面,道德宽容真正意义上体现出本真伦理应有的实践价值。通过以上学术梳理与分析,不难看出,本真伦理与本真道德在理论内涵、特征与观点上有着异曲同工之妙,而本真道德正是情境伦理学的圭臬,或许某种程度上,也可以粗疏地将本真伦理与情境伦理作一种同质性的关联,不同之处仅在于,前者强调"本真"的道德属性,后者在强调"本真"之道德属性的同时,亦强调其伦理属性。情境伦理学在强调"本真"之伦理属性的过程中,如果有意或无意地忽略或扭曲了"本真"的道德属性,将可能因一种伪善的产生而导致道德绑架与权力滥用。因此,只有回到情境伦理本源处的"本真"之道德属性,回到对本真伦理的考察上,才能真正避免这种危险,最终展现出个人在多个维度上的道德宽容。

四、总结与讨论

本文探讨了五个关键概念及其关联,可总结如下:如果 A 是情境伦理,B 是道德绑架,C 是权力滥用,D 是本真伦理,E 是道德宽容,那么,A 与 B 之间有一种可能的因果关系,即 A 可能导致 B。这是因为 A 否认有绝对和普遍的道德法则或规范,而只根据具体情境中的爱来灵活运用或调整道德法则或规范。这样可能使得一些人利用 A 作为借口,来强加自己的道德观点或偏好给他人,从而构成 B。然而,这种因果关系并不必然成立,它取决于对 A 之理论内涵的正确理解。如果误解了 A,将其视为一种随意变通或无原则的道德理论,那么就可能导向 B 和 C。如果正确理解了 A,将其视为一种基于 D 的道德理论,那么就可能避免或抵制 B 和 C。因此,D 是 A 的道德核心,也是区分 A 与 B 和 C 的关键。

B 与 C 之间有一种可能的相互作用关系,即 B 可能促进或加剧 C,也可能受到 C 的影响或抵制 C。这是因为 B 本身就是一种利用道德作为权力资源来影响他人行为选择和利益状况的行为,它可能与其他形式的 C 相结合或相冲突,从而产生不同的效果(不同效果分为至少四种情况:相互加强,相互抵消,中立对峙,相互冲突。)

A 与 C 之间有一种可能的调节关系,即 A 可能增强或减弱 C 对 B 的影响。这是因为 A 提供了一种灵活和多元的道德判断和行动方式,它可能使得一些人更容易或更难受到 C 导致的 B 的影响,也可能使得一些人更容易或更难对他人进行 B。

D 与 E 之间有一种必然的因果关系,即 D 必然导致 E。这是因为 D 是一种真正根植于内心、具有高尚道德情操的价值多元主义景象,它要求人们在不违背 D 之自然反应的基础上,尊重和包容自己、他人或社会不同或相反的道德观念、价值观或行为方式,从而形成 E。E 与 B 和 C 是两种相互排斥和矛盾的道德景象。

D 与 A 之间有一种同质性的关联,可以说,D 和 A 都属于性格伦理流派,都强调个体的品德或善恶,而不是外在的普遍法则,由此来判断行为的正确性。但是,D 和 A 之间也有一些区别,即 D 强调"本真"的道德属性,而 A 在强调"本真"之道德属性的同时,亦强调其伦理属性。

将以上内容用一张图表达,如下:

① Timmons M. *Moral theory*: *An introduction*. Lanham, MD: Rowman & Littlefield Publishers, 2002.
② Bazerman M. H. "A new model for ethical leadership". *Harvard Business Review*, 2020:98(5), pp. 76 - 85.
③ Tillich P. *Dynamics of faith*. San Francisco: Harper & Row, 1957.

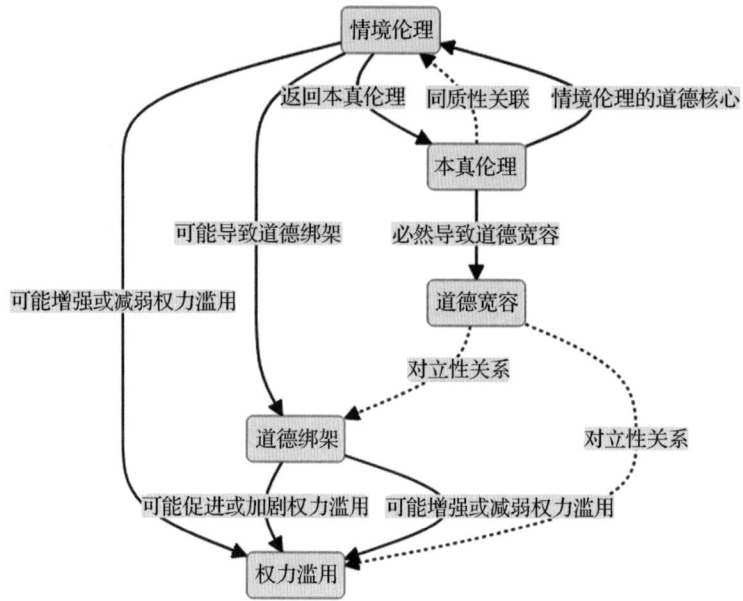

　　本文通过对五个关键概念及其关联的分析,揭示了情境伦理、道德绑架、权力滥用、本真伦理和道德宽容之间复杂和微妙的关系。本文认为,情境伦理并不一定导致道德绑架和权力滥用,而是取决于对其理论内涵的正确理解和运用。本文也认为,本真伦理是情境伦理的道德核心,也是实现道德宽容的必要条件。我们希望通过这样的探讨,为当代社会中的道德问题和冲突提供一些启示和借鉴。

马克思"知情意"思想的自由逻辑

王有凭*

（广西师范大学 马克思主义学院，广西 桂林 541004）

摘　要：厘清马克思"知情意"思想的自由逻辑，有助于彰显马克思精神观超越近代自由主义缺陷与引领人类精神生活的理论价值。马克思指明：(1) 理性自由表现为批判主体与客体的矛盾及断裂，由此揭示消除"异己力量"并实现人类普遍自由的感性生活理想。(2) 感性自由意味着把自然需求纳入"人作为人"的历史目的，并以渗透理性的感性实践，扬弃私有财产的片面占有欲望，从而克服基于利己主义的感性异化，恢复合乎人性本质的真正占有。(3) 意志自由指的是以理性认知事物及其规律，并把事物制造的"异己力量"转化为内在决断能力的过程，意志决断的普遍性于共产主义中实现最大化。马克思围绕"人的自由而全面发展"论述理性批判、感性体验与意志决断，并指明"知情意"的自由逻辑是扬弃自我意识的内在性与个体性，以有机整体形式融入个人自由与普遍生活相统一的历史进程。

关键词：马克思；理性；感性；意志；自由

　　西方自由主义从多方位阐释"精神"，不断丰富理性、感性与意志的自由含义，但多元化解读隐含着肢解"精神"整体内涵的弊端。康德（Immanuel Kant）将"精神"划分为"知情意"，以此对应其"三大批判"。但康德的自由理论没有克服理性的先验抽象性与内在性，且割裂了理性、意志与感性生活。以绝对精神为核心的黑格尔（G. W. F. Hegel）自由学说，虽申明理性与意志辩证统一，但又把感性自由消融于理性思辨圆圈。主张"物质决定论"的教科书式马克思主义，未详陈马克思（Karl Marx）精神观与人类全面解放（普遍自由）的内在关联。马克思主义精神分析学派把马克思的"精神"归结为人类生理、心理活动或性格表征，这有助于祛除先验自我意识的神秘性、理性的抽象性。但分析学派过度强调心理变革对人类解放的作用，容易陷入个人主义或生物主义以及抹除"精神"的社会性。为超越上述理论局限，本文通过系统梳理马克思关于"知情意"及其自由维度的阐释，重估马克思精神观在西方自由学说史上的革命性意义，并深化人类精神生活的理解。

一、理性批判的自由

　　马克思指出，理性的本质是自由，理性自由表现为以"批判"为主的能动认知，它兼具事实认知与价值评判。理性批判的对象是基督教神秘主义及教条主义、不合理的现状与脱离现实世界的形而上学。马克思以理性自由贯彻至"批判的武器"与"武器的批判"，力图"在批判旧世界中发现新世界"，消除奴役人的"异己力量"，从而在感性生活中实现人类普遍自由。

　　马克思以理性衡量人类自由是否获得普遍实现，他通过解析与理性主体相矛盾的客体及意识形态，指出理性的积极力量在理论实践方面表现为哲学批判。"哲学的实践本身是理论的。正是批判根据本

---

　　* 作者简介：王有凭（1991—），广西南宁人，广西师范大学马克思主义学院博士后研究人员，哲学博士，研究方向为马克思主义伦理学。

质来衡量个别的存在,根据观念来衡量特殊的现实。"①"批判"较早由康德引入自由主义哲学,主要是以普遍理性原则认知并评判外在客体。在康德那里,自由的普遍性奠基于先验理性,但仅局限于理性存在者的内心世界。黑格尔强调理性与现实的和解,理性犹如"黄昏的猫头鹰",其主要功用是描述精神如何自我实现的自由历程。相较而言,马克思认为,哲学批判是以普遍理性衡量个别存在、否定陈旧观念与不合理的状况,并建构人类普遍自由的理想。马克思的众多作品——《论离婚法草案》(副标题为"批判的批判")、《神圣家族》(别名为"对批判的批判所作的批判")、《〈黑格尔法哲学批判〉导言》、《资本论:政治经济学批判》等皆体现了其研究的批判性思维,他认为哲学的特质是批判一切不符合理性的事物。

其一,批判基督教的神秘主义及道德教条主义。在长期浓厚的基督教圣灵崇拜氛围下,"精神"的神秘气息浸透至近代基督徒日常生活与众多学说。反抗基督教权威以彰显人的理性认知、感性经验与意志决断,贯通近代西方自由理论演变始末。受启蒙思潮影响,青年马克思在论述自由问题时,常不加区分地使用自我意识(Selbstbewusstsein)与理性(Vernunft)。马克思在其博士论文中指出,与德谟克利特(Democritus)的机械原子论不同,反抗宗教的伊壁鸠鲁(Epicurus)以原子偏斜论开启自我意识的自由可能。马克思肯定伊壁鸠鲁主义,认为"偏斜"是原子的灵魂所在,并借此强调自我意识的本质是自由。马克思在其博士论文附录与引注中使用大量笔墨赞扬哲学并贬斥宗教,他强调崇拜超验的上帝(圣灵)是对自我意识的否定,人类个体命运不应受神的摆布。马克思指出,"道德的基础是人类精神的自律",他律的宗教道德对理性个体而言是不自由的。马克思借助普罗米修斯(Prometheus)的自白,表达了他对宗教压迫哲学、禁锢理性自由的愤慨:"我痛恨所有的神。"马克思从哲学审视宗教信仰,指明自我意识若停留于抽象的个别性,真正具体的科学将被取消,人必将被迷信奴役,陷入神秘主义怪圈,且基督教的道德教义易陷入虚伪说教,成为压制人类理性自由的教条主义。概言之,马克思将启蒙理性主义的自我意识、理性自由运用于宗教批判,他主张道德标准应建立于人类理性而非圣灵崇拜,且自我意识是于"定在之光中发亮的自由",理性在感性现实中确证其自由本性。

其二,批判普鲁士旧习俗与不合理的现实状况。大学毕业后的马克思辗转多地工作,这让他有更多机会直面普鲁士现实社会矛盾,他以政论檄文批判诸多与理性自由相冲突的现实状况。马克思在关于林木盗窃法的辩论中指出,带有旧风俗的习惯法"会把特定的物质和特定的奴隶般地屈从于物质的意识的不道德、不理智和无感情的抽象物抬上王位"②。马克思特别强调,摩塞尔河地区的贫困状况不仅是出于"天灾",更主要是因为"人祸":普鲁士官僚阶层仅追逐私利而罔顾公益。马克思指出,普鲁士习惯法仅是强者之法,它主要代表有产者的私人利益。在理性批判视域下,"作为自由定在的法"(旧习俗)对穷苦大众来说反而是普遍奴役的枷锁。旧习俗在理性审视下并非全然普遍。马克思在实际工作中遭遇诸多不自由的现实问题,由此发现理性自由深受物质利益困扰与政治制度束缚。当"遇到要对所谓物质利益发表意见的难事"之后,马克思将理性批判的目光从基督教移至普鲁士政治经济现实,重新审视"普鲁士的国家哲学和法哲学"、国家理念与市民社会现实的断裂及矛盾。

在《克罗茨纳赫笔记》中,马克思梳理"国家"历史的相关文献后指出,理性自由并非永恒不变,而是历史性的,它具有现实内容,要结合具体的国家政治制度来论述。鲍威尔(Bruno Bauer)以为废除犹太教便能解决犹太人问题,即获得政治解放。但是,马克思在论犹太人问题中指出,即便抛弃旧枷锁(宗教),建立起来的新中介(资产阶级国家)仍无法使人获得普遍自由。在资产阶级社会或市民社会中,"人作为私人进行活动,把他人看作工具,把自己也降为工具,并成为异己力量的玩物"③。当崇拜上帝的宗教"不再是国家的精神"之后,自私自利的宗教"成了市民社会的、利己主义领域的、一切人反对一切人的

---

① 马克思、恩格斯:《马克思恩格斯全集》(第1卷),北京:人民出版社,1995年,第75页。
② 同①,第289页。
③ 马克思、恩格斯:《马克思恩格斯全集》(第3卷),北京:人民出版社,2002年,第173页。

战争的精神"①。马克思指出,"犹太人问题的痼疾"在于,市民社会的"异己力量"造成原子式个体相对抗、个人自由与普遍生活相分离。

其三,批判脱离感性现实生活的抽象自由观以及奴役人的"异己力量"。马克思在《黑格尔法哲学批判》导言中指出,以黑格尔、鲍威尔为代表的资产阶级哲学家对现实社会问题的批判是软弱无力的,因为他们仅保守地批判"苦难尘世"的"胚芽"即宗教,而回避了理性与现实尤其是普鲁士政治经济状况的矛盾。在揭穿基督教神学是"人的自我异化的神圣形象"之后,马克思指出哲学(理性批判)的历史任务是"揭露具有非神圣形象的自我异化",并"确立此岸世界的真理"。黑格尔法哲学以自由意志的辩证运动,扬弃市民社会与国家理念的对立。但马克思认为,黑格尔哲学的思辨理性把一切有限实在(感性现实)消融于"纯思维的以太",其整个知识体系企图证明的是"自我意识是唯一的、无所不包的实在",这是"逻辑的、泛神论的神秘主义"。马克思提出作为"解放的头脑"的哲学批判需与作为"解放的心脏"的无产阶级相结合,"批判的哲学理论"需扎根于"人本身"。无产阶级一旦通过批判旧世界找到何为"人本身"的答案,便能"把哲学当作自己的精神武器",使"现存世界革命化,实际地反对和改变事物的现状",消除蔑视、侮辱与奴役人的"异己力量",彻底实现人类解放。若欲实现个体理性自由与人类解放,则需明确"人本身"与"异己力量"的内涵。

于是,批判基督教与黑格尔思辨形而上学的费尔巴哈(L. A. Feuerbach)人本主义,便被纳入马克思的精神观及自由理论。费尔巴哈强调,黑格尔的精神异化观是证明上帝存在的理论支撑。费尔巴哈指出:"谁不扬弃黑格尔哲学,谁就不扬弃神学……黑格尔哲学是神学最后的避难所和最后的理性支柱。"②马克思认为,基督教意识形态与理性主义形而上学,把有生命的个人还原为意识,再把先验自我意识、抽象意志或超验绝对者当作感性现实生活、科学知识大厦的地基,这脱离了外部的现实自然及人的感性自然,拥有感性生命的人才是现实生活及精神世界的生产主体。

基于感性自然立场,马克思对基督教贬低世俗生活而赞美来世天国的颠倒幻想予以再颠倒,否定任何神秘主义幻想与宗教情感慰藉,肯定此岸的人类幸福与理性自由。马克思主义强调思维和意识"都是人脑的产物,而人本身是自然界的产物,是在自己所处的环境中并且和这个环境一起发展起来"③。理性思维与意识等精神官能并非由超验的上帝恩赐,亦非如康德所言之个体先验统觉能力,乃是人类社会物质生产与精神生产的历史性积淀,由人的感性对象性活动(实践)产生。马克思强调,黑格尔形而上学与基督教神学关于自由的主张类似,二者都是以超验绝对者规划世间万物、越过一切有限实在的矛盾,包括理性自由与政治经济现实的断裂等内容。马克思指出,黑格尔思辨形而上学不仅将现实的个体的人抽象为自我意识的异化,还将绝对精神当作人的本质,这类似基督教神学的"头足倒置"。但是,光把基督教教义回溯至"自我意识"(黑格尔左右派)或"类本质"(费尔巴哈),并不足以解决异化问题,必须借助感性对象性活动(实践),来改变产生圣灵崇拜与寄望于"意识幻想"的现实处境。

受黑格尔精神现象学"神秘外壳的合理内核"的启发,加上对费尔巴哈人本主义的反思,马克思产生"新世界观的天才萌芽",重新认识"人本身",主张以感性实践扬弃基于固定绝对者的抽象意识形态。马克思指明,破除基督教与思辨形而上学的神秘主义的关键在于实践。在人类实践中,环境的改变和人的自我改变是一致的。传统经院哲学的问题在于脱离实践作纯粹抽象思辨、离开现实来谈论思维的真理性,并未真正扬弃主体与客体之间的"异己力量"。马克思指出,费尔巴哈人本主义批判基督教的出发点是"单个人所固有的抽象物",其自由理论仅建立于感性直观与抽象的爱,这仍未超越传统形而上学。与一切唯心思辨哲学、旧唯物主义哲学不同,马克思认为人既不是精神(上帝、自我意识、理性等)的异化,

① 马克思、恩格斯:《马克思恩格斯全集》(第3卷),北京:人民出版社,2002年,第174页。
② 路德维希·费尔巴哈:《费尔巴哈哲学著作选集》(上卷),荣震华、李金山等译,北京:商务印书馆,1984年,第114-115页。
③ 马克思、恩格斯:《马克思恩格斯全集》(第26卷),北京:人民出版社,2014年,第38-39页。

也不是仅具有感性直观的"类存在物",人在其现实性上是"一切社会关系的总和","人本身"是自我创造的过程。

马克思强调,世界历史是由人类实践创造的,而非绝对精神的展现或由上帝意志支配。"哲学家们只是用不同的方式解释世界,而问题在于改变世界。"①马克思看到,德意志落后的政治经济状况与发达的思辨哲学存在巨大反差。康德哲学是"法国革命的德国理论",其理性主义自由观与现实生活脱钩。黑格尔哲学力图调和理性与现存世界的矛盾,但其绝对自由的革命性又被保守的思辨体系窒息掉了。马克思侧重否定阻碍理性自由的不合理现状,把特殊利益伪装成普遍真理的旧观念,他强调"同传统的观念实行最彻底的决裂",在理论批判与实践生活中摆脱"异己力量"的束缚。若欲实现人类全面解放(普遍自由),则须"'对现存的一切进行无情的批判',尤其是'武器的批判'"。

在马克思那里,理性不是单个人的内在抽象思维,而是与感性现实生活紧密相关,且指向普遍自由的人类共有精神能力,它兼容事实认知与价值评判,理性在批判不合理现状过程中展现其自由本质。马克思认为,理性批判是"在对现存事物的肯定的理解中同时包含着对现存事物的否定的理解"。马克思注重理性的否定性力量,不落入怀古伤今的幼稚与绝望,对理性促进人类普遍自由的实现怀有乐观信念。简言之,马克思主张以理性批判使"世界理性化",直面理性与感性现实的矛盾及断裂,借由"批判的武器"与"武器的批判",促成人类理性自由与感性生活相统一。

二、感性经验的自由

在近代西方自由理论史中,感性经验、欲望需求与自然、物质、利益等概念,在对抗基督教神权专制并彰显人类生命自由的意义上是相通的。随着启蒙理性主义的工具化与个人私欲的不断膨胀,资本主义物欲文明制造了人类生命异化等问题。在感性自由的理解上,马克思首先反对抽象谈论人的自由,主张把个体感性需求纳入"人作为人"的历史目的。其次,马克思批判把私人欲望满足看作自由生活全部内容的极端利己主义,他强调感性自由若停留于个人私欲,虚无主义将逐渐成为感性生活的主流意识形态。再次,马克思指出,在资本主义拜物教统治下人的关系异化为物的关系,且他还剖析了造成人类生命异化困境的"物的精神化"与"精神的物化"。最后,马克思主张,人类普遍自由要求促成自然主义与人本主义、个人与社会、感性与理性的统一,落脚点是扬弃私有财产的片面占有欲望。

首先,马克思认为感性需求的满足,既是人类生存与社会发展的自然基础,亦是人的自由而全面发展的必要内容,历史是"人作为人"这一自由理想在感性经验生活中不断实现的过程。出于论战需要,马克思曾以理性批判专为少数统治阶级辩护而漠视广大劳苦群众生存利益的意识形态,并援引费尔巴哈人本主义批判唯心主义自由观忽视物质利益与感性需求。马克思指出,康德虽确立个体主观理性自由的绝对地位,但康德理性主义所主张的普遍自由在形式上是空洞的,它排除任何特殊经验与感性自然。马克思认为,在理论领域,自然是"人的精神的无机界",在实践领域,自然是被人类精神渗透的存在,脱离理论与实践的自然对人来说是没有意义的。马克思指明:"科学只有从感性意识和感性需要这两种形式的感性出发,因而,科学只有从自然界出发,才是现实的科学。可见,全部历史是为了使'人'成为感性意识的对象和使'人作为人'的需要成为需要而作准备的历史(发展的历史)。"②无论是科学研究,还是实现"人作为人"的自由理想,都要以感性意识与感性需求为前提。因此,包括物质资料与人种再生产在内的感性自由,是人的自由而全面发展的第一需要。

马克思继而指明,自由王国是充分发挥人类生命自由本性的领域,人类生活不局限于自然欲望的满足,还有更高的感性自由与意义追求。在马克思看来,意义世界是可被人类感觉触及的,且它受物质生

---

①　马克思、恩格斯:《马克思恩格斯全集》(第3卷),北京:人民出版社,1960年,第6页。
②　马克思、恩格斯:《马克思恩格斯全集》(第3卷),北京:人民出版社,2002年,第308页。

产方式的感性制约。"任何一个对象对我的意义恰好都以我的感觉所及的程度为限。"①马克思认为,实现"人作为人"的感性自由的历史前提是物质极大丰富与生产力高度发达,自由王国的繁荣依赖于必然王国的兴盛。但不能因此而推定马克思以感性需求、物质利益为其自由观核心。也不能将历史唯物主义强调的感性需求满足,混淆为人类生活的唯一与最高目的。马克思强调"人作为人"的感性自由,并以感性的物质生产与社会生活作为其自由观的前提,主要是为避免落入康德理性主义的原子化与黑格尔思辨形而上学的抽象化困境。马克思关注的是,物质生产过程与社会制度结构中阻碍人的自由而全面发展的历史要素,以及如何于感性生活中实现"人作为人"的历史目的,从而使得每个人丰富自身个性,真切感觉到人际关系和谐融洽。

其次,马克思批判沉迷于感性物质享受的资本主义物欲文明与利己主义,他指出"精神的物化"与"物的精神化"造成个人私欲膨胀,并弱化人类超越自然欲望的理性智慧与意义追求,容易使人陷入虚无主义。资本主义物质生产与社会生活的主导逻辑是个人私欲的满足,它衍生出以虚无主义为底色的主体性假象:感性至上与欲望主宰的虚无。自文艺复兴以来,资产阶级思想家如霍布斯(Thomas Hobbes)、洛克(John Locke)等学者反对基督教排斥感性自然的禁欲主义,转而为人类个体的感性需求与物质利益作道德论证。以感性经验为前提的科学实证主义与以实现个人自然权利为重心的世俗化风气,极大加速了"精神的物化",且又围绕私人欲望满足而趋向"物的精神化"。在奉行物质利益至上原则的资本主义社会中,"每个人都力图创造出一种支配他人的、异己的本质力量,以便从这里面找到他自己的利己需要的满足"②。马克思虽反对抽象的自由学说,肯定人本主义关于感性需求与自然权利的论述,但马克思自由观并不属于自然主义或功利主义,因为它们仅将个人的苦乐感受当作判定人是否自由的唯一标准,归根到底都是以利己主义为核心、为私有制辩护的资产阶级意识形态。

马克思指明,利己主义是一种仅注重个人感性的受动需求、片面的占有欲望表达;资本主义社会的普遍欲望或意识形态,是把对物的感性占有及享受当成人生唯一与最高目标。"一切肉体的和精神的感觉都被这一切感觉的单纯异化即拥有的感觉所代替。"③"精神空虚的资产者"受金钱欲望的驱使,"为他们自己的肉体上和精神上的短视所奴役"。资本家的精神追求降低为平庸琐碎的物质享乐,多数人为满足感性自然需求而终日劳作,无法"自由地发挥自己的体力与智力"。人在追求感性自由的过程中沦为感性欲望的奴隶,遗失了超越感性生命个别性与有限性的理想主义,一步步走向虚无主义的深渊。自以为在物质交换与商品买卖面前拥有平等自由权利的市民,匍匐跪拜于"被欲望燃烧起来的幻象"。概言之,资产阶级思想家宣扬的个人自然权利,往往为利己主义作意识形态辩护,其主张的自由是沉浸于物欲渴求、占有与满足无限循环的感性享受,且它使得人类自由的确证须依赖外在物质,逐步瓦解人的意义世界。

再次,马克思在批判感性欲望僭越为"本质的人性"基础上,进一步指出资本主义社会中人的独立性依附于物,人的关系异化为物的关系,人类感性欲望的物化形态表现为拜物教。马克思历史唯物主义所指的物质,并不仅是能为人感知的、广延的实体,它还具有社会关系属性。"实物是为人的存在,是人的实物存在,同时也就是人为他人的定在,是他对他人的人的关系,是人对人的社会关系。"④马克思认为,资本主义社会的原子式个体自由"以物的依赖性为基础",人的独立性虽超越以"孤立的地点"自发形成的"人的依赖关系",但人又向物沉沦,人与人之间的关系异化为以物质占有与感性享受为首要生命追求的竞争对抗关系,遵循"适者生存"的丛林法则。"在个人利益变为阶级利益而获得独立存在的这个过程

---

①　马克思、恩格斯:《马克思恩格斯全集》(第 3 卷),北京:人民出版社,2002 年,第 305 页。

②　同①,第 339 页。

③　同①,第 303 页。

④　马克思、恩格斯:《马克思恩格斯全集》(第 2 卷),北京:人民出版社,1957 年,第 52 页。

中,个人的行为不可避免地受到物化、异化,同时又表现为不依赖于个人的、通过交往而形成的力量,从而个人的行为转化为社会关系,转化为某些力量,决定着和管制着个人,因此这些力量在观念中就成为'神圣的'力量。"①在谋求个人物质利益的过程中,人与人互相交往的行为产生宰制个人的异化力量,这一"'神圣的'力量"在感觉经验上是冷冰冰的利益算计与赤裸裸的趋利避害。"人的内在本质的这种充分发挥,表现为完全的空虚化;这种普遍的对象化过程,表现为全面的异化,而一切既定的片面目的的废弃,则表现为为了某种纯粹外在的目的而牺牲自己的目的本身。"②人类生命本质力量的发挥取决于外部强制性目标,人的内在自由本质被迫不停地空虚化、物化与全面异化。

"精神的物化"与"物的精神化"是同步交织的。一方面,人将自然欲望与意义追求全部投射至作为商品的物,甘愿舍弃"人作为人"的崇高理想。另一方面,物的异化力量以抽象的货币流通作为主要表现形式,它在"需要—商品—货币—资本"的循环过程中形成统治人的"特殊的以太"。"金钱是一切事物的普遍的、独立自在的价值。因此它剥夺了整个世界——人的世界和自然界——固有的价值……这种异己的本质统治了人,而人则向它顶礼膜拜。"③神圣的东西遭到"祛魅"后,"一切坚固的东西都烟消云散了",物质或金钱的私人占有成了"魅惑"人的普遍欲望,以及主宰人与人关系的"神圣力量"。马克思指明,"精神的物化"与"物的精神化"带来的后果主要有:主观任意的感性欲望消解理性批判能力;膨胀的个人私欲、利己的享乐主义充斥着人类生活的方方面面,虚无主义风气蔓延开来,拜物教便占据着意义世界的宝座。

最后,马克思指明,解决人耽溺于欲望享乐的非理性困境,以及物奴役人的感性异化问题,需要扬弃私有财产的片面占有欲。马克思指出,资本制造的多样化需求及物质要素积累,在一定程度上丰富了人的个性。他说:"资本作为孜孜不倦地追求财富的一般形式的欲望,驱使劳动超过自己自然需要的界限,来为发展丰富的个性创造出物质要素,这种个性无论在生产上还是消费上都是全面的。"④人具有自然需求与感性受动性,这要求人类解放事业扎根于生产力的提高与物质要素的充实。但人毕竟不是单纯受动的感性存在,不能把物质享受与财产占有欲望当作人类生活的最高目的。自然主义强调,私有财产是确证个人自由的必要感性物质形式。马克思则认为,私有财产是物质欲望奴役人、人与人关系异化的感性根源;人类普遍自由的实现是受动性与能动性、感性与理性的统一。私有财产的扬弃是"通过人并且为了人而对人的本质的真正占有;因此,它是人向自身、向社会的即合乎人性的人的复归"⑤。自然需求的满足与"人作为人"的感性自由目的,要求人通过感性实践"占有自己的全面的本质"。

详言之,若欲在感性意识与感性需要上确证"人作为人"的自由,则须以感性实践挣脱异化力量的控制,扬弃私人财产的片面占有欲望,从而全面解放人的感觉。这种不同于个人私欲满足的感性自由,是在人与人和谐共处的关系中重新占有人的全面本质。"对私有财产的扬弃,是人的一切感觉和特性的彻底解放;但这种扬弃之所以是这种解放,正是因为这些感觉和特性无论在主体上还是在客体上都成为人的……感觉在自己的实践中直接成为理论家。"⑥可见,马克思主张在扬弃私有财产的片面占有前提下,确证具有感性维度的主体性。经解放后的全面感觉不再是完全受动的私人感受,而是在自由自觉的感性对象性活动(实践)中渗透了理性思维(理论)的普遍感觉能力。

马克思虽强调理性与感性相融合,但不认同黑格尔以理性或精神扬弃感性自然。马克思认为,黑格尔的抽象理性思辨,对人类生命异化问题的解决缺乏革命性与有效性,"人作为人"理想的实现必须诉诸

---

① 马克思、恩格斯:《马克思恩格斯全集》(第3卷),北京:人民出版社,1960年,第273页。
② 马克思、恩格斯:《马克思恩格斯全集》(第30卷),北京:人民出版社,1995年,第480页。
③ 马克思、恩格斯:《马克思恩格斯全集》(第3卷),北京:人民出版社,2002年,第194页。
④ 同②,第286页。
⑤ 同③,第297页。
⑥ 同③,第303-304页。

感性实践。马克思指出,在黑格尔那里,"各种异化形式所具有的物质的、感觉的、实物的基础被置之不理,而全部破坏性工作的结果就是最保守的哲学"①。在马克思看来,解决市民社会的异化问题尤其是多数穷人的极端贫困与奴役,不能依靠理性思辨的调和,因为这回避了异化问题的感性根源——私有财产的片面占有。马克思强调,人化的自然与社会化的物质相对独立于人的精神,环境的改变和人的实践相一致,扬弃不是在思辨领域调和自然与精神的对立,而是感性对象性活动。

颠覆资本主义拜物教的对象性活动的主要感性内容是扬弃私有财产,以及把人与人之间冷冰冰的物质利益竞争关系转变为"普遍和平及兄弟般情谊"。这可使得个体感性需求超越狭隘的利己主义,进而迈向"人作为人"的共产主义。共产主义社会"创造着具有人的本质的这种全部丰富性的人,创造着具有丰富的、全面而深刻的感觉的人"②。马克思认为,人一旦重新控制自身本质力量,人的感性需要、占有与享受便不再被利己主义规定。这种控制方式及最终目的是通过感性实践来扬弃私有财产的片面占有,从而恢复合乎人性本质的真正占有。这也是实现人道主义和完成了的自然主义相统一的共产主义要旨。

由上,马克思既肯定感性自由对实现"人作为人"的积极意义,亦批判沉迷于物欲满足的利己主义与感性异化生活。马克思强调,私有财产的片面占有欲望是"物的精神化"与"精神的物化"的直接感性根源,它产生的异化力量与利己主义的资产阶级意识形态割裂了感性与理性、个人与社会的关系。人的自由而全面发展内含人类感性与理性、自然性与社会性的统一,这一历史目的的实现需要在人类感性生活中,借助融合理性的感性实践,克服私有财产占有欲与拜物教的缺陷,并扬弃理性思维的内在性、感性自然的片面性及有限性。

三、意志决断的自由

马克思主张意志的本质是自由,意志自由意味着理性决断及其现实化,且意志现实化领域不局限于道德,它包含物质生产、社会关系与精神文化的整体人类生活。详言之,意志自由是人依据关于事物及其规律的理性认知,在感性生活中不断提升意志的决断能力,并内化自然与社会力量的历史过程。马克思通过批判康德与黑格尔的自由意志学说,指明意志自由在人类整体认知与生产力双重发达的共产主义中获得最大化实现。

其一,马克思主张,意志自由是人类理性决定能力的外显,意志的对象性内容是理性所把握到的自然、社会与精神文化等事物的普遍本质及运动规律。马克思主义强调,"意志自由只是借助于对事物的认识来作出决定的能力。"③这一论断在马克思历史唯物主义语境下有四点内容:(1)意志的本质是自由,意志自由是作出决定能力的表现;(2)意志的决定能力以"对事物的认识"为前提,进一步来说,此认知须具有真理性,真理的主要内容是事物的普遍本质与运动规律;(3)"认识"是感性与理性的综合认知,它以理性的演绎归纳为主与感性验证为辅;(4)"事物"包括自然、社会与精神文化,以及这三者之间的整体关系与运行规律。马克思主义强调,"就个别人说,他的行动的一切动力,都一定要通过他的头脑,一定要转变为他的愿望(笔者注:意志)的动机,才能使他行动起来"④。行动(实践)的前提有二:头脑的理性思考与意志决断。我们可借助《关于费尔巴哈的提纲》传达的主要思想,对理性、意志与感性实践的关系进行逻辑补全,以便更好地理解马克思的意志自由观。

马克思强调,理论的神秘性可被实践破除,理性认知应当被置于人类实践生活中证明其真理性。理性认知指导意志,意志的职能是作出决定,意志决断是实践的前提,感性的实践经验再反过来判断理性

---

① 马克思、恩格斯:《马克思恩格斯全集》(第2卷),北京:人民出版社,1957年,第244页。
② 马克思、恩格斯:《马克思恩格斯全集》(第3卷),北京:人民出版社,2002年,第306页。
③ 马克思、恩格斯:《马克思恩格斯全集》(第20卷),北京:人民出版社,1971年,第125页。
④ 马克思、恩格斯:《马克思恩格斯全集》(第21卷),北京:人民出版社,1965年,第345页。

认知是否正确。这便是理论与实践相统一的马克思自由观的逻辑演绎。"人对一定问题的判断愈是自由,这个判断的内容所具有的必然性就愈大;而犹豫不决是以不知为基础的,它看来好象(笔者注:现在写作"像")是在许多不同的和相互矛盾的可能的决定中任意进行选择,但恰好由此证明它的不自由,证明它被正好应该由它支配的对象所支配。"①马克思认为,若对事物的普遍必然性缺乏全面认知,人在作意志决断时则犹豫不定,在众多互相矛盾的选择中无法自主,反而被事物所支配。由此可见,对普遍本质、必然性与事物运动规律的理性认知是确证意志自由的重要条件,或者说,意志自由的现实化首先要求以理性认知必然,自由意志内含理性化的感性经验。结合前文论及的"人作为人"的感性自由可知,马克思虽主张意志自由的现实化需借助理性指引,但并不意味着他将禁欲主义或感性私欲宣泄视为意志自由。

其二,马克思反对抽象谈论意志自由,他在肯定人兼具自然性与社会性的理论前提下,阐明意志具有历史性与现实生活内容。马克思明确指出康德自由理论的缺陷,是脱离人类意志实现的感性生活根基,割裂自由与自然的关系。康德"把这个善良意志的实现以及它与个人的需要和欲望之间的协调都推到彼岸世界"②。马克思不仅从人类主观意愿上论述意志自由的普遍化,还结合物质生产力与社会环境等客观条件阐发意志自由的现实化。马克思说:"在自身中变得自由的理论精神成为实践力量,作为意志走出阿门塞斯冥国,面向那存在于理论精神之外的尘世的现实。"③具有理论精神的意志是一种面向现实的实践力量,它要求在现实生活中确证自由。因为人的本质是"一切社会关系的总和",故人的意志以人类社会生产力为其现实化的基础。人的意志并非超脱或凌驾于自然与社会规律而存在,意志的自主性受到自然、社会环境与精神文化等多重因素影响。

马克思认为人与动物的重要区别是意志,他将"有计划的行动"等同于人类意志的现实化。马克思主义强调,"一切动物的一切有计划的行动,都不能在自然界上打下它们的意志的印记。这一点只有人才能做到"④。动物毫无自由意志可言,其生命局限于自然欲望层面的生理冲动。与动物不同,随着社会生产力的提高与精神文化的发展,人类能够逐渐摆脱感性自然与主观冲动的支配,进而通过自由意志创造符合自然变化、社会运行规律与精神文化发展目的的人类历史。马克思主义强调"人离开狭义的动物愈远,就愈是有意识地自己创造自己的历史,不能预见的作用、不能控制的力量对这一历史的影响就愈小,历史的结果和预定的目的就愈加符合"⑤。意志在人不断作出符合历史目的的决定过程中展现其自由本质,意志自由彰显了人类力图超越自然限制的创造性、预见性与控制性。

马克思主张人类意志支配包括自然与社会在内的客观事物,并主动将自然与社会的外在性转为意志决断的内在自由力量。而且,随着人类对客观事物认知程度的提高与认识能力的完善,意志自由的社会性与现实性亦得到相应提升。马克思主义指明,"社会力量完全象(笔者注:现在写作"像")自然力一样,在我们还没有认识和考虑到它们的时候,起着盲目的、强制的和破坏的作用。但是,一旦我们认识了它们,理解了它们的活动、方向和影响,那末(笔者注:现在写作"么"),要使它们愈来愈服从我们的意志并利用它们来达到我们的目的,这就完全取决于我们了。"⑥事物(自然与社会)规律若未被人类理性认知且未受人类意志支配,自然力与社会力量则产生负面的强制作用,它们对人类生活来说是一种外在的"异己力量"。然而,当人类全方位把握这些规律与力量的奥秘之后,这些"异己力量"便能转为意志的内在自由力量,并纳入"人为历史立法"的意志现实化进程。

---

① 马克思、恩格斯:《马克思恩格斯全集》(第20卷),北京:人民出版社,1971年,第125页。
② 马克思、恩格斯:《马克思恩格斯全集》(第3卷),北京:人民出版社,1960年,第2页。
③ 马克思、恩格斯:《马克思恩格斯全集》(第1卷),北京:人民出版社,1995年,第75页。
④ 同①,第518页。
⑤ 同①,第374页。
⑥ 同①,第304页。

其三,马克思认为道德出于人的自由意志,且意志的自由超出道德领域,延伸至人类整体生活,人的意志在共产主义中实现其自由本性的最大化。历史唯物主义主张,自由意志与普遍的道德、权利(法)密切相关,意志不是人类的超验天赋或先验能力,而是人类实践活动的历史积淀。"如果不谈谈所谓自由意志、人的责任、必然和自由的关系等问题,就不能很好地讨论道德和法的问题。"[①]而且,"一个人只有在他握有意志的完全自由去行动时,他才能对他的这些行为负完全的责任,而对于任何强迫人从事不道德行为的做法进行反抗,乃是道德上的义务"[②]。马克思主义从自由与必然相统一的理论视角,阐明意志决断的道德行为,主张反抗奴役与实现人的自由而全面发展是合乎道德义务的普遍意志。

按照历史唯物主义的总体逻辑,意志自由是人类整体自由的一部分,它具有物质前提与社会关系等现实内容。人类意志的普遍自由主要表现在,综合感性知觉与理性思维能力,来正确理解事物本质,并有计划地运用事物的运动规律,为实现人的自由而全面发展而作决断与行动。随着社会生产力与人类整体认知水平的提高,人终将在共产主义中充分实现自身的意志自由。马克思共产主义的意志思想,主要建基于他以"人民意志"批判黑格尔理性国家学说。马克思指出,一方面,黑格尔以"头足倒置"的唯心主义方法,把理性国家的本质误解为由人民的真实意志中抽象出的普遍意志,把阶级对立的现实矛盾消融于思辨圆圈。另一方面,黑格尔混淆君主个人的王权意志与代表普遍意志的国家,黑格尔的国家理念并不能实现意志自由的普遍化。马克思说:"黑格尔把现代欧洲立宪君主的一切属性都变成了意志的绝对的自我规定。"[③]马克思主张以代表无产阶级利益的"人民意志"取代君主的个人意志,并指明个体意志普遍化的历史终点是共产主义。马克思认为,通过解释世界与改变世界的统一,或者说,意志的理性化与现实化,人类必将迈入意志自由最大化的共产主义,人在共产主义中将成为自然、社会与精神文化的最高决断者。

结语

由全文可知,马克思主要围绕人的自由而全面发展,论述"知情意"的具体内容及关联。在马克思那里,理性认知、感性体验与意志决断的自由,皆超出基于原子式个体的内在自我意识领域,以一种有机整体的普遍形式,融入人类认识并改造自然、社会与精神文化的历史进程。(1)在理性认知方面,马克思指明,理性自由是持续地否定主体与客体矛盾、断裂关系的过程,它表现为批判宗教专制、旧习俗、不合理的现状、脱离感性现实的形而上学与统治阶级意识形态,理性批判意在揭示奴役人的"异己力量",并描述人类普遍自由的理想图景及实现路向。(2)在感性经验方面,马克思认为历史目的是实现"人作为人"的感性自由,人类普遍自由的实现应以物质利益与感性需求满足为前提,但此前提并非人的自由而全面发展的全部内容。马克思揭示基于利己主义的感性异化问题、"物的精神化"与"精神的物化"之双重困境,进而指明融合人类感性与理性、自然性与社会性,并重新占有人的全面本质的现实途径是:在共产主义运动中以渗透理性的感性实践,扬弃私有财产的片面占有欲望。(3)在意志决断方面,马克思反对抽象地看待意志与自由的关系,并主张意志的决断能力与理性思维、感性的历史内容紧密相联。他强调意志自由贯穿包含道德在内的人类整体生活,意志自由的普遍性于共产主义中实现最大化。在共产主义中,人类意志消融自然、社会与精神文化所制造的"异己力量",并将其转化为促进人的自由而全面发展的历史动力。要而言之,马克思所论"知情意"并不局限于个人心理活动,其结构与功能经由普遍生活的淬炼而扬弃内在性、个别性与有限性。马克思"知情意"思想的自由蕴意,对促进现代自由理论与人类精神生活的发展仍富有启迪意义。

① 马克思、恩格斯:《马克思恩格斯全集》(第 20 卷),北京:人民出版社,1971 年,第 124 页。
② 马克思、恩格斯:《马克思恩格斯全集》(第 21 卷),北京:人民出版社,1965 年,第 93 页。
③ 马克思、恩格斯:《马克思恩格斯全集》(第 3 卷),北京:人民出版社,2002 年,第 34 页。

"与物为春":论庄子道德相对主义的当代价值

朱彬艳　张　佳*

（东南大学 人文学院哲学与科学系，江苏 南京 邮编：211100）

摘　要： 庄子的"与物为春"不仅具有美学上的价值，也具有道德上的意蕴。这样一种对我们在应对外物、他人时要始终保持和豫状态的要求，具有道德相对主义思想的底色。观照大众传媒流行的当今社会，道德逐渐成为标榜自身、攻击他人的"武器"，引发了无穷无尽的道德纷争与道德矛盾，制造了社会普遍性的道德焦虑。由此，"与物为春"或许可以让我们以尊重代替道德傲慢，提升自己的道德境界，用一种和煦的心态善待他人与自己。从这个层面上来看，庄子的道德相对主义思想对于现代人而言具有巨大的伦理价值。

关键词： 与物为春；庄子；道德相对主义；当代价值

《德充符》曰："使之和豫，通而不失于兑；使日夜无郤，而与物为春，是接而生时于心者也。"①陈鼓应先生说："'与物为春'是写心对物的观照所产生的美境。"②学界对庄子"与物为春"思想的阐发，也大多着眼于艺术和美学层面的意义，缺少对道德境界的探析。而徐复观先生在《中国艺术精神》中说："（与物为春）是最高的艺术精神，与最高的道德精神，自然地互相涵摄。"③在这里，他将庄子的"与物为春"视为一种最高的道德精神。

作为道德相对论者的庄子，时常被人诟病为遁世的"小人"。如胡适评价道："这种话初看去好像是高超得很。其实这种人生哲学的流弊，重的可以养成一种阿谀依违、苟且媚世的无耻小人；轻的也会造成一种不关社会痛痒，不问民生痛苦，乐天安命，听其自然的废物。"④胡适对庄子的评价极具代表性，里面充斥着对庄子乃至于道家的道德相对主义思想的误解。"与物为春"便是打破对庄子道德相对主义思想偏见的一个突破口，庄子的思想对于我们现代人而言实则具有一定的积极意义和参考价值。在这个大众传媒流行的时代，道德逐渐成为理论上的丛林之争，现实中的相互倾轧。庄子的道德思想或许可以引导我们减少道德上的自负、傲慢，让我们在由内而外关注他人与世界时带着如春天般和煦的善意。

一、"与物为春":如何道德地对待万物与他人

"与物为春"体现了庄子思想中人与自然合一的大智慧，中国哲学中"天人合一"的命题是在《庄子》

＊ 作者简介：朱彬艳，华东师范大学哲学系硕士研究生，研究方向为中国哲学。张佳，东南大学人文学院哲学与科学系副教授，硕士生导师，中国哲学教研室主任。

① 本文所引以方勇先生所译注的《庄子》（方勇译注：《庄子》，北京：中华书局，2015 年）为文本依据。
② 陈鼓应：《〈庄子〉内篇的心学（下）——开放的心灵与审美的心境》，《哲学研究》2009 年第 3 期。
③ 徐复观：《中国艺术精神》，上海：华东师范大学出版社，2001 年，第 55 页。
④ 胡适：《中国哲学史大纲》，北京：民主与建设出版社，2016 年，第 211 页。

中最先提出的。成玄英疏"与物为春"曰："慈照有生，恩沾动植，与物仁惠，事等青春。"①宣颖曰："随物所在，皆同游于春和之中。"②李腾芳曰："和性不滑，灵府闲豫，则虽涉乎至变，而不失其兑悦之常。彼日夜相代于吾前而不停，吾亦日夜与之适焉而无邻，物来斯应，色色皆春，物接则时生，时生则事起，其机在接，而不在我，此是何等学问，何等涵养。"③释德清解释说："应物之际，春然和气发现，令人煦然而化也。"④王弼将"与物为春"理解为一种人与自然的合一状态，强调通过顺应自然法则来达到真正的自由与安宁。众所周知，庄子时常徜徉于大自然的怀抱之中，流连于自然中，与物互动，如《知北游》曰："山林与，皋壤与，使我欣欣然而乐与！"

"与物为春"不仅表现为对自然万物的挚爱，也表现为对他人的爱。林云铭曰："于八卦内取出兑字，于四时内取出春字，总写出一团和气，内外如一，使人可亲。"⑤何如漼曰："夫和顺积而英华发，薰其德者，如坐春风，如饮醇醪，其于昂藏奇伟之士，爱而慕之，当更十倍。"⑥面对外界的喧嚣杂乱，庄子并没有自暴自弃，而是在心中自保持一种春和景明的状态，在与物、与人往来时仍保持着宁静和和豫。这并不是一种消极的逃避，而是充满着善意地与对这个世界交往。庄子对人间关怀的方式不同于儒家的入世，他拒绝与统治者合作并不代表他消极遁世、无情无义。在《德充符》中，有许多畸形的人，庄子对他们都给予了关怀与肯定，认为他们拥有了德性的光辉，同样可以温暖他人。在《人间世》中，不愿入仕的庄子却为那些方内之士设计了处世方略，告诉他们如何与暴君相处，如何做好一个外交官，如何去做太子之师，以上无不体现出庄子的深情大义。面对混乱的世道，庄子之无情在于是非只映照于心而不能影响心境；而庄子之深情便体现在"与物为春"上，对物、对人充满了满腔热忱。正如胡文英所说的那样："庄子眼极冷，心肠极热。眼冷，故是非不管；心肠热，故感慨无端。虽知无用，而未能忘情，到底是热肠挂住；虽不能忘情，而终不下手，到底是冷眼看穿。……庄子最是深情。"⑦

而这样一种心态和境界势必具有道德相对主义思想的底色。根据元伦理学道德相对主义（MMR）的定义，道德判断的真假，或它们的正当性，不是绝对的或普遍的，而是与一群人的传统、信念或实践相关的。⑧ 庄子要求我们注意到，不同物种各不相同，不能用某个外在的标准强求其同一。所以，我们可以认为庄子是一名道德相对论者。但庄子又并不关注群体的信念，庄子的道德思想主要关心的是个体间的人际关系。或许更为恰当的观点如黄勇所解读的庄子的道德相对论那样，这应该是一种以行为对象为中心的相对论。也就是说，我的行为是否道德取决于行为对象，即行为的承受者，也就是说受此行为影响的人如何看待它。⑨ "与物为春"正好是这一观点的生动说明："我"并不希望我的行为会带给他人伤害，因为在他人眼里这可能会是不道德的；"我"总是希望与人为善，由于每个人都是不同的，所以"我"采取的方法也会有所不同。这并不是一种对道德伦理的逃避，而是积极的面对，即在正视人与人之间的差异之后，依旧保持一颗纯真、善良的心与他人建立积极的、良好的关系。

在对待他物、他人的问题上，"与物为春"或许可以被理解为"尊重"。庄子的"尊重"首先体现在他对不同的人与物的不同生活方式之尊重。不同的物种因有不同的"性"而有不同的最佳生活方式，不同的人也因为各自的"性"各不相同而有不同的最佳生活方式。⑩ 庄子不一定否认人有共性，但他一定强调

① 郭庆藩：《庄子集释》，北京：中华书局，2013年，第196页。
② 宣颖：《南华经解》，广州：广东人民出版社，2008年，第44页。
③ 方勇：《庄子纂要》（贰），北京：学苑出版社，2018年，第755页。
④ 释德清：《庄子内篇注》，上海：华东师范大学出版社，2009年，第103页。
⑤ 林云铭：《庄子因》，上海：华东师范大学出版社，2011年，第60页。
⑥ 同③，第684页。
⑦ 胡文英：《庄子独见》，上海：华东师范大学出版社，2011年，第6页。
⑧ Christopher G. "Moral Relativism", The Standford Encyclopedia of Philosophy(Spring 2021 Edition), Edward N. Zalta(ed.).
⑨ 黄勇、崔雅琴：《论〈庄子〉中的行为对象道德相对论》，《社会科学》2016年第3期。
⑩ 黄勇、丁洪然：《以尊重代宽容：〈庄子〉的启发》，《华东师范大学学报（哲学社会科学版）》2023年第2期。

人的个性。庄子一直批评儒墨试图用仁义来规范人类生活,消除每个人的独特性。其次,庄子的"尊重"思想体现在他认为生活方式不同的人是平等的。《齐物论》中说道:"物固有所然,物固有所可。无物不然,无物不可。故为是举莛与楹,厉与西施,恢诡谲怪,道通为一。"这里的"道通为一"可以理解为"以道观之,物无贵贱"。这种"尊重"的思想进入道德话语体系之后,可以被引申理解为:我们每个人都有不同的道德观念,每个人的道德观念都值得被尊重。我们需要看到人的差异性,而不是强制统一所有人的思想。

同时,"与物为春"不是一种完全被动的无为,人实则是可以发挥一定的主观能动性,在与物相接的时候,人是可以保持春天一般的温暖的。由此,我们或许可以达到《天道》中所描述的"天乐":"夫明白于天地之德者,此之谓大本大宗,与天和者也;所以均调天下,与人和者也。与人和者,谓之人乐;与天和者,谓之天乐。"在这里,人与天地和谐对应的态度,称之为"天和";人与万物共存并展现出来的和乐之境,称之为"天乐"。这样的一种"和乐"从天上降落到人间,便成了"人和";在消除对立中所达到的欢愉之况,便是"人乐"。"与物为春"所指向的就是这样一幅天人和乐的美丽图景。

二、"与物为春":如何做一个道德的个体

除了"天和"和"人和",庄子也十分关注"心和"。《知北游》曰:"若正汝形,一汝视,天和将至;摄汝知,一汝度,神将来舍。德将为汝美,道将为汝居。"这正是以"心和"来凝聚"天和"之功夫。"心和"之凝聚才能回归"天和",才能得到来自天地自然之和气。

庄子在《德充符》中对修德者提出的要求是完成"成和之修",在此之后便可以进入"德充符"的境界了。"平者,水停之盛也。其可以为法也,内保之而外不荡也。德者,成和之修也。"这里的"和"表现为两层意思,一是和豫,一是平和。[1] 钟泰解释道:"德譬如水,和其本性,不自表襮,所以保其和也。然欲保其和,必使外物无以滑之荡之……'成和之修',言修以成和也。和者本体,修者功夫。"[2]庄子以水喻"和",以此来说明修德者需保持内部稳定而外表不动荡,此为德在人身上落实后最好的状态。

在对待自己的问题上,"与物为春"或许可以引导着我们达到平和的心态,为此,我们需要在日常生活或是在道德生活中减少一些傲慢与自负,提升自己的道德修养与境界。莫尔在他的《乌托邦》中揭示道:傲慢的目的是不断地超过他人,且不知满足。[3] 一个真正懂得尊重他人的人,是不会将自己语言和行为的落脚点放在胜过他人之上的。"傲慢"是基督教信仰中的核心概念,被视为七宗罪之一,更是长期位列罪首。莫尔也将傲慢比作一条从地狱中钻出来的毒蛇,紧紧攥住人心,使人无心向善。这样一种傲慢的心理,使得一个人始终处于斗争状态,而无法获得心灵的宁静、和悦,与人为善更是无从提及。修德者应该用"和"的情感对待万事万物,与其接触之物领受仁惠之心,与其接触之人如沐春风。而不是让他人感受到一种时刻企图凌驾于自身之上的无情与无礼。

人们如果沉溺于物质或精神上的争胜、计较,不利于心灵的空旷,不利于人格的健康发展和精神的超脱解放。《德充符》中庄子对惠子说:"道与之貌,天与之形,无以好恶内伤其身。今子外乎子之神,劳乎子之精,倚树而吟,据槁梧而瞑,天选子之形,子以坚白鸣!"庄子批评惠子因醉心坚白之辨而劳精费神,这是对心灵的鞭笞。人的真正解放在于消除成见,以开放的胸怀包容万物,与天地并生,与万物同存,恢复简单自然的态度。《应帝王》曰:"至人之用心若镜,不将不迎,应而不藏,故能胜物而不伤。"这便是庄子对修德者提出的心如止水之要求,要像镜子一样,外物不能惊扰它内在的宁静平和。"与物为春"便是教我们一种认识世界、自然与自己并与之相处的正确的方法,它叫我们摒弃外界的诱惑、去除对外

① 孙明君:《庄子德论新诠——以〈德充符〉为中心》,《清华大学学报(哲学社会科学版)》2020年第5期。
② 钟泰:《庄子发微》,上海:上海古籍出版社,2002年,第122页。
③ 王闯闯:《驯服傲慢:〈乌托邦〉的道德哲学及其历史意义》,《学海》2023年第5期。

物的欲望、放弃对功利的追求、清除心灵的污染。

所以，"与物为春"可以被理解为一种与万物、与自然、与他人交往的理想关系。而这种理想关系自然而然也促成了人的"煦然而化"，也就是人的本质的丰富、境界的提高。在《人间世》中，庄子将"有德"之人的境界视为"德之至"。他借仲尼之口论道："天下有大戒二：其一，命也；其一，义也。子之爱亲，命也，不可解于心；臣之事君，义也，无适而非君也，无所逃于天地之间。是之谓大戒。是以夫事其亲者，不择地而安之，孝之至也；夫事其君者，不择事而安之，忠之盛也；自事其心者，哀乐不易施乎前，知其不可奈何而安之若命，德之至也。"在庄子看来，所谓"命"是自然而然之事，而生死存亡、富贵贫苦等都是命之流行。能知事情之艰难都是"命之流行"，却不哀不乐、安心顺命，这便是"德之至"。又言："且夫乘物以游心，拖不得已以养中，至矣！"陈鼓应说："所谓'养中'即主体通过修养的功夫排除名位的拘锁而使心灵达到于空明灵觉之境界。"①在庄子看来，修德者需以一颗超脱的心灵，体悟人事之不可奈何的必然，超越名利相争的现实桎梏，保养纯净的中和之心。庄子在这里并非主张消极避世，而是推崇人们能够避开盲目竞争，凭借自己超越性的内在德性修养逍遥于世。

这同时也是道德相对主义思想的另一积极面向，即帮助个体更好地构建道德自我。由于个体自身文化和经验的差异，每个人的道德标准和原则也会不同，这或许就是庄子所认为的"命"，是无可奈何之事。若从相对主义的视角出发，在认识到没有普遍适用的道德标准之后，个体更有可能避免狭隘的道德偏见，提升自身的道德判断力。同时，道德相对主义也促进个人进行深刻的自我反思。这种反思不仅有助于个人更好地认知自身的道德立场，还有助于增强个体的包容心和同理心，减少道德冲突和社会摩擦。这种观念使得个体能够在复杂的道德环境中找到自己的立足点，并在尊重和理解他人道德观念的基础上，形成更加成熟的道德自我。

正因如此，若从道德相对主义的立场出发，个体更能进入庄子所谓"和"的状态。"和"不仅包括个体与天地万物的关系，也包括个体与他人之间的关系，更为重要的是，"和"还包括了个体自身内部的精神状态。"和"的德性与品格表现在个体，便是一种既不为形役，亦不为外物所动的虚灵状态。《缮性》曰："古之治道者，以恬养知。知生而无以知为也，谓之以知养恬。知与恬交相养，而和理出其性。夫德，和也；道，理也。"无躁且自若其状，即是恬，即心性之恬淡、和静；"知"即智慧。修德之人以恬静之心来涵养智慧，这便是所谓的静能生慧。这里的"和"并非主体刻意矫饰的状态，而是依从自我的本性、德性与天地万物之性的理本然地呈现而已。这样本心便可玄同天地万物，消除彼此之对立，游心于德的统一、和谐境界。

三、庄子道德相对主义思想的当代启示

上述可见，庄子的道德相对主义思想具有十分重要的积极意义。他并不是完全地无为，相反他提倡有所行动，提倡与人、自然建立起一种彼此尊重、充满温情的联系。同时，庄子的思想也有助于自身的道德建设，成为一个更好的修德者。

对庄子道德相对主义思想的负面评价其实是一种在特定的时代历史背景下对庄子的曲解。胡适将庄子视为小人，实则是因为他基于当时民族危亡的时刻，从进化论的角度去解读庄子的道德思想，为近代中国面向未来所应采取的态度和方式做出了抉择。胡适批判庄子只懂得被动地适应，明确指出主动寻求环境适应的急迫性，映射出在社会现实中"物竞天择，适者生存"的重要性，同样表明比起被动地适应，人应该积极寻求改革，谋取出路。因此，胡适的论述会更多地落在历史语境中，去探讨契合时事的具体问题。②

---

① 陈鼓应：《老庄新论》(修订版)，北京：商务印书馆，2008年，第235页。
② 周祥云：《冯友兰和胡适关于庄子观点之比较——以〈中国哲学史〉和〈中国哲学史大纲〉为视角》，《大众文艺》2021年第24期。

我们当下所处的时代与胡适的时代不同,民族救亡图存已让位给理论上的"诸神之争",战场上的枪林弹雨已变成虚拟网络空间的"硝烟弥漫"和现实中"牛鬼蛇神"的相互较量。道德逐渐不内在于我们行为本身,而成为用来评说行为的语言。人们通过语言来描述某个事物,可以抬高自身,也可以贬低他人。人们逐渐变得"傲慢",道德逐渐变得"好斗",它成了一种社会斗争,是时刻待人争夺的高地。个人的、群体的道德焦虑和道德怀疑以及人与人之间的道德倾轧,在大众传媒时代体现得尤为明显。

梅勒在《道德愚人》一书中认为大众传媒的两个主要选择标准——冲突和丑闻,这两者极大地形塑了现代道德观念的特点。① 冲突是大众传媒特别感兴趣的对象,各大平台软件每天都会有不同的"求助帖""话题讨论"。但是,点开评论区,我们看到的不是平和的各抒己见,而是锋利的唇枪舌剑。第二个标准,即丑闻,它是令人激动的,其原因在于使得高浓度的道德观念成为可能。但这种道德在某种意义上是被翻转的,因为丑闻是以"狂欢"的方式发生作用的。一个明星公众人物"塌房"的时候,就是网络最热闹的时候。曾经的偶像沦为被攻击的"靶子",人们似乎都热衷于通过"落井下石"、讽刺深陷丑闻漩涡中心的人物来获得一种道德上的优越感。某种意义上,丑闻并没有增强道德观念,反而是对道德的嘲弄,因为它是没有道德的、无情的娱乐。

在冲突和丑闻中,现代人身上的戾气尽显,许多人正缺乏庄子这样一种"与物为春"的道德精神。它所蕴含的尊重、善良、温暖等品质,在彼此的针锋相对之间荡然无存。因此,从现实的角度出发,我们在重新审视庄子的道德相对主义思想带给我们的启示与价值的同时,也应该去反思如何利用庄子道德相对主义中的积极因素帮助我们更好地在现实空间和虚拟空间中生活。

首先,在对外观照他人、他物时,我们需要承认我们每个人都无法真正摆脱"成心"。因此,要摆脱成心,恢复对他人的尊重,我们需要利用好庄子所提出的道德修养功夫的思想源泉。一是"心斋"。《人间世》中说:"虚者,心斋也。"心之空虚也即心胸开阔。庄子时常用水来说明本心的宁静柔和,就是心不与他人争论,也不把自己的标准强加于人。二是"坐忘"。《大宗师》中说:"堕肢体,黜聪明,离形去知,同于大通,此谓坐忘。"这与"心斋"实则有异曲同工之妙,"心斋",如我们看到的,就是要把心中的先见去除,而"坐忘"则是要将这些东西忘掉,都是要我们做到"无己"。它们的共同目标都是消除成见,恢复本心。如此,便能在与自己本心达成和谐之后,与他人之心达成和谐。因此,面对着随时随地会发生的冲突,我们不仅要做到不能先入为主地将"己见"安置于他人之上,更要做到尊重他人的意见和想法。是平静的交流,而不是矛盾的冲突。是平等,而不是孰高孰低。

除去"心斋""坐忘"等虚静其心之功夫,庄子亦言"无撄"。《在宥》言:"女慎无撄人心……昔者黄帝始以仁义撄人之心……天下脊脊大乱,罪在撄人心。""无撄"便是无扰。人之心性本淡泊、宁静,是后人自以为是所高呼的仁义、所制定的法度才使得天下大乱。只有"绝圣弃知"才能回归本初之序。因此,在对内观照自我时,我们需要保守本心、德性之静和,修应物而不为外物所动之功夫。通过虚静其心的功夫,摒弃智巧杂念,消除内心的种种茫昧与蔽蒙,保持本心的虚静空灵。庄子关于道德修养之方法便是做减法,终究指向的是个体心性与精神境界。减去那些"道德"以外的"骈拇枝指",用这种负负得正的思维方式来减去世俗之人所追求增益的名与利。如此,便可修得"德之和"的状态,即道之虚无、恬淡的状态,抵达顺物任化、逍遥自得的无己境界。

最后,我们需要唤醒我们向善、向美之心。《知北游》曰:"天地有大美而不言,四时有明法而不议,万物有成理而不说。圣人者,原天地之美而达万物之理。"庄子看到天地间一切物象千姿万态、生机盎然,所以我们需以虚静澄彻的心怀,来体味观赏的对象,从而获得心灵之愉悦。庄子不仅看到了自然的山川之美,也看到了人性之美。如《则阳》中说道:"生而美者,人与之鉴,不告则不知其美于人也……其可喜也终无已,人之好之亦无已,性也。圣人之爱人也,人与之名,不告则不知其爱人也。若知之,若不知之,

---

① 汉斯—格奥尔格·梅勒:《道德愚人:置身道德高地之外》,刘增光译,上海:东方出版中心,2023 年,第 209 页。

若闻之,若不闻之,其爱人也终无已,人之安之亦无已,性也。"这段话是说人生而美,好美是人性的表现,圣人爱人也是人性的展现。① 我们真正向往的应该是自然所阐发的美、人性所阐发的美,以及人与外界之间温情交往的美美与共。嘉年华式的丑闻并不会唤醒我们对美的向往,而是让大家缠结于浅层的且相互矛盾的道德嘲讽与争论之中。在这个娱乐的闹剧中,不论是嘲讽之人还是维护之人,所呈现的都是狰狞之面貌。我们的眼睛应用来审美,而不是用来审丑。

《天下》介绍庄子学说时说:"独与天地精神往来,而不敖倪于万物,不谴是非,以与世俗处。……上与造物者游,而下与外死生、无终始者为友。其于本也,弘大而辟,深闳而肆;其于宗也,可谓稠适而上遂矣。"庄子之所以能够如此,就因为庄子构建了自己的道德境界。② 庄子那虚静、自然的道德境界于凡俗之人而言似乎是无法真切感知和想象的。庄子也认为世俗之人无法成为至人、神人,但世俗之人通过一定的修炼也可能在短时间内体验到大道的奇妙之境。心斋、坐忘、无撄,虽然名目不一,但彼此之间的方法是相通的。我们在修德的过程中,实际都会在不同程度上实现心境的安宁自得与精神的解放。在此过程中,我们亦可在心性修养之中扩展视野、陶冶人格、提升审美能力与生命境界,找到人之为人的价值与意义。

四、结语

自古以来,许多文人基于自身所处的历史时期对庄子的思想有自己的见解。本文并不完全肯定庄子道德相对主义思想,不可否认的是,对于某些人而言,其思想确有教之逃遁的嫌疑。但在正视其局限性的前提下,我们需要看到庄子思想给我们现代人带来的启发价值,以挖掘其积极内涵。"与物为春"这一处世态度就是很好的例证。它能够在某些时候让我们躁动的心平静下来,它并不是教我们自暴自弃地"躺平",并不是完全教我们成为"乡愿"似的人物,而是教我们认清自己,尊重和善待他人。让我们在由内而外关注时,带着如春天一般温暖的情意,在共同的向善、向美中走向和乐。

相对主义只是庄子道德思想中的一个关键点。庄子的道德思想主要体现在他对"道"与"德"的哲学体悟中。"道"即自然的法则和宇宙的根本原则,而"德"则是与道相符合的行为方式。庄子通过各种寓言故事和比喻揭示了世间标准的相对性和主观性,主张人们应当超越固有的偏见。庄子认为内心的自由和宁静是最重要的道德目标,他提倡通过内心的修炼达到与"道"的统一,从而实现真正的自在与幸福。

更为深入地去理解庄子的道德思想,体会他对自然、人生和道德的独特感悟,汲取庄子思想中的积极因素,将其应用到个人生活和社会行为中,或许对实现"各美其美"的理想个体和"美美与共"的理想社会有一定的帮助。

---

① 陈鼓应:《庄子论人性的真与美》,《哲学研究》2010 年第 12 期。
② 孙明君:《庄子的道德境界与自在人生》,《人民论坛》2023 年第 24 期。

从天理、家礼到伦理文明：
朱熹的祭祀观及其历史发展

黄圣威　　郑济洲*

（福建师范大学 马克思主义学院，福建 福州 350117）

摘　要：祭祀观是朱熹理学思想的重要组成部分，其不但衔接了儒家传统祭祀思想，并根据自身经验和时代变化将"天理"的祭祀转变为更具有操作性的"家礼"。当作为祭祀者的朱熹转变成为被祭祀者之后，关于朱熹的祭祀意蕴逐渐由门人弟子申明学统延展为封建统治者论证其自身合法性和维护统治的工具。随着社会现代化进程的迈进，祭祀朱熹的行为亦逐步与现代生活相适应，祭祀的意识形态属性逐步消解，更多以文化现象的面貌呈现。中国式现代化进程强调对中华优秀传统文化的吸收与创新。在建设中华民族现代文明的过程中，祭祀文化正向着更为深远的伦理道德层面转化，体现了从传统祭祀到现代伦理文明的内在发展逻辑。

关键词：朱熹；祭祀观；优秀传统文化；伦理文明

一、朱熹的祭祀观：从"天理"到"家礼"

朱熹作为宋明理学的集大成者，尤其重视祭祀，据其弟子黄榦记载，"其祭祀也，事无纤巨，必诚必敬，小不如仪，则终日不乐，已祭无违礼，则油然而喜"[1]。按照儒家的传统理解，祭祀是跟祭祀对象之间发生关联的行为，所谓"祭者，际也，人神相接，故曰际也"[2]。朱熹不但继承了"人死为鬼""祭如在""天理民彝"等儒家传统观念和礼仪规范，更从自身的经验出发并超越自身的局限，根据时代需求将祭祀从"天理"的层次日常化为庶民可操作践履的"家礼"。个体处在不同的社会位置和时空状态中，祭祀自然拥有不同的价值和意义，在诸多祭祀类别之中，家祭是离普通生命个体最接近、最频繁的种类，在朱熹的主张转化之下，家祭之礼是"理"的超越维度和"诚"的真实维度的双重展现，成为"天理"在家庭层面的具体展示，而祠堂则成为凝聚家族共同体意识的文化场域。

朱熹对祭祀的感知发端于其个人早年家族的生命经验。朱熹个体的特殊生命历程让其对祭祀有十分独特的认识，死亡意象在朱熹的童年和少年时期频频登场，祭祀在朱熹家族的现实生活中占据了极重的分量，不断强化朱熹对于祭祀的原始感知。在朱熹出生前的北宋宣和七年（1125 年）祖父朱森在战乱之中病故，南宋绍兴四年（1134 年），祖母程五娘去世，随之又是两位哥哥的先后夭折。绍兴十三年（1143 年）三月廿四，四十六岁的父亲朱松卒于建州时朱熹不过十三岁，十六岁时恩师刘子羽抑郁而终，十九岁岳父、恩师刘勉之去世。朱熹家族长期生活在多祠庙、重祭祀的福建地区，自然受到相应的风俗

---

　*　基金项目：国家社会科学基金青年项目"新时代政德建设汲取中华优秀传统文化研究"（项目编号：21CDJ004）。

　作者简介：黄圣威（2000—），福建尤溪人，福建师范大学马克思主义学院硕士研究生，研究方向为伦理文明。郑济洲（1988—），福建连江人，福建师范大学马克思主义学院硕士生导师，副教授，博士后，研究方向为伦理文明。

①　黄榦：《朝奉大夫文华阁待制赠宝谟阁直学士通议大夫谥文朱先生行状》，载王懋竑：《朱熹年谱》附录一，北京：中华书局，1998年，第 518 页。

②　刘勰：《文心雕龙义证》（上），上海：上海古籍出版社，1989 年，第 373 页。

浸染。朱熹出生前其祖父便已经去世,幼时家庭祭祀的日常感染和帮助朱森下葬的胡宪先生的传习讲授为其日后对祭祀的进一步理解奠定了基础。祖母程五娘去世后朱松辞官丁忧,父亲得以亲自教授朱熹《孝经》等书籍,文本理论激活了给朱熹多次带来特殊体悟的丧祭经历。毫无疑问,父亲朱松的死亡对朱熹冲击极大,"卒之明年,熹奉其枢,葬于建宁府崇安县五夫里之西塔山"①。朱熹自幼协助长辈参与家中祭礼活动,母亲对待祭祀的态度亦不断感染着朱熹,"是时祭祀,只依家中旧礼,礼文虽未备,却甚整齐,先妣执祭事甚虔"②。朱熹在生命与血脉的传递中重复父亲数年前为父母祭祀的仪式,朱熹常年主持家庭祭礼,直至病逝前一年才由人代为祭祀。故而"敬"的态度在朱熹的祭祀观中占据了重要地位,朱熹强调"习礼用敬",不仅有祭祀之时外表整齐肃穆,更有内在"主一无适"的要求,反对以"设教"的态度对待祭祀。朱熹对"敬"的理解,将观念转化为心性修养的方法论,这种转化既保留了儒家的传统义理,又赋予了"敬"以新的伦理特征,使之成为主体意识自我超越的一种方式,让祭祀者在"止于至善"的教化关怀下进行祭祀行为。

　　朱熹的学识储备和阅历提升为其祭祀观的成熟提供基础。死亡焦虑下早熟的朱熹在十七八岁时便编写了人生第一本书《诸家祭礼考编》,为其系统思考祭祀打下了坚实基础。朱熹入仕之后常年的奉祠经历让其尤其看重祭祀对于国家的价值。据《宋史·朱熹传》,"熹登第五十年,仕于外者仅九考,立朝才四十日"③,朱熹从二十九岁开始担任奉祠官,奉祠家居的时间断断续续合计二十一年零十个月。当宋孝宗死后朱熹被新皇帝赵扩召入临安,朱熹在朝的第一件事便是向皇帝上了《山陵议状》,力主广求术士,博访名山,为死去的孝宗皇帝寻找"最吉之所"。朱熹为了应对时代变革挑战,重新诠释了儒家传统中的祭祀,并将其推至一个全新的境界。朱熹晚年的《仪礼经传通解·祭礼》体现了他对礼制"敬天法祖"意义的重视,肯定国家是祭天、祭祖的主体。家庭生活上,母亲和妻子、子嗣等亲人先后去世,朱熹迁父亲松坟墓,在母亲墓旁筑"寒泉精舍"专心守孝,为儿子精心选择墓地,可见朱熹不但信仰风水,且十分认同"葬涉祸福论"。在这一阶段,朱熹"参酌古今,因成丧葬祭礼。又推之于冠昏,共为一编,命曰《家礼》"④,淳熙二年(1175年),编成《古今家祭礼》。朱熹亦积极关注官方颁发的规范性礼仪指导文本。淳熙七年(1180年)朱熹先是申乞降《礼书》以解决"臣民之家冠昏丧祭",而礼部颁降《政和五礼·祭祀仪式》后,对其中内容"颇有未详备处"不满意,再乞增修《礼书》。

　　朱熹的祭祀观对祭祀活动具有哲学层面的解释及价值。朱子理学"体用一源,显微无间",祭祀观是朱熹理学思想的重要组成部分,自然被统摄在"理一分殊"之下。朱熹在《西铭解义》里说:"天地之间,理一而已。然'乾道成男,坤道成女,二气交感,化生万物',则其大小之分,亲疏之等,至于十百千万而不能齐也。"又说:"盖以乾为父,坤为母,有生之类,无物不然,所谓'理一'也。而人、物之生,血脉之属,各亲其亲,各子其子,则其分亦安得不殊哉!"⑤"理一分殊"的"分"不是分开的意思,而是等分或者是本分,"一"和"殊"也指共同性和差别性。从"理一"看,万事万物包括人在内,都必须遵循共同的"理",朱熹将"礼"视为天理之节文、人事之仪则,朱熹"以理释礼",祭祀自然也是遵循此理,并衍化为礼。"理一"会对世界的真实面貌以及发展方向起到决定作用,世界的差异性和秩序性在"气"和"理"上成立。朱熹把天理论和传统礼学进行了融合,礼之本和礼之文的关系就如天理和礼乐制度之间的关系,"此与形影类矣"。朱熹强调"理"与"礼"的内在关联,认为合理的祭祀能够由"理生气"来歆享和感格。如钱穆所言,"朱子言祭祀之礼,乃会通天地万物古今异世而合一言之,实为朱子宇宙本体论形而上学中一番主要见解也"⑥,

①　王懋竑:《朱熹年谱》,北京:中华书局,1998年,第319页。
②　朱杰人、严佐之、刘永翔:《朱子全书》第十七册,上海:上海古籍出版社;合肥:安徽教育出版社,2002年,第3052页。
③　脱脱:《宋史》,北京:中华书局,1978年,第9976页。
④　同①,第314页。
⑤　同②,第145页。
⑥　钱穆:《朱子新学案》,北京:九州出版社,2011年,第356页。

朱熹认为鬼神生死是一理，"大凡说鬼神，皆是通生死而言"①，即鬼神之理和生死之理是相通的，"来者为神，往者为鬼。譬之一身，生者为神，死者为鬼，皆一气耳"②，而祭祀是将两者统一起来的实践手段，家礼是对天理的一种践履。理在气先，由"理"而"气"，朱熹指出，"天地之间，只是此一气耳"。更详细来说"大凡人生至死，其气只管出，出尽便死。如吸气时，非是吸外气而入，只是住得一霎时，第二口气又出，若无得出时便死"③。即祭祀是打通鬼神和生死的仪式，是连接人与自然、人与宇宙的桥梁，是宏大天理在日常生活的体现，在"理"的超越维度和"诚"的真实维度间给了人们对于生命的终极关怀。

朱熹高度重视祭祀所具有的伦理价值。人死为鬼是儒家传统观念，在朱熹的革新与变通下，祭祀并不只是精神的安慰，祭祀能打通历史、现实、未来，"若明祭祀鬼神之理，则治天下之理""以上感下，以一人感万民"④，建立由人至家、至国的伦理秩序。一方面，祭祀是为了表达对超自然力量的敬畏，通过这种方式实现天地人鬼之间的感通与统一。所谓"感通"即"豁然贯通"，为一种超越日常生活的精神状态，不仅是道德情感的体现，更是一种理性认识和宇宙观的实现。通过这种状态，人可以与天地、鬼神等超自然力量建立起一种特殊的联系，从而达到修身成圣的目的。另一方面，更重要的是对现实秩序起到建构作用。家国一体化下社会呈现拟家庭化特征，家庭具有基础性和前置性地位，是社会规范的发源地。"感通"是一种社会教化的手段，"祭有十伦"，通过祭祀活动教育人们遵循道德规范，强化社会秩序和伦理关系。朱熹认为，做学问虽然要在理论上进行反驳和论证，如"以气论鬼神"和"以祭祀论鬼神"中的问题⑤，但是归根结底还是在现实社会中建立标准的伦理规范。君子"陈数知义"，以"居敬、穷理"之法修身，"正心诚意"的主体与天理具有内在一致性，可进而寻求齐家、治国、平天下之道。在朱熹这里，祭祀解决的是实践问题，强调"内尽己心"和"祭祀不祈"，以祭祀活动中的诚敬之心解决生死鬼神之问外，建立具有现实操作性的外在规范与内在秩序共同发挥作用。恰如朱熹强调习礼用敬和格物穷理的重要性，认为通过日常的小事积累与恰当的人际关系互动，可以逐步明天理，从而达到修身、齐家、治国、平天下的目的，强调了个人修养与社会伦理教化的重要性，以及通过祭祀活动实现个人的道德提升和社会秩序维护的可能性。

家庭在朱熹祭祀制度设计中占据了重要地位。朱熹根据社会现实，对古代祭礼进行现实性的改造，强调因时制宜地践履礼制，并且设计了一整套祭祖制度，这对于塑造中国传统家族制度以及中国人的心理结构等都具有十分重要的实践意义⑥。宋朝经历了五代社会动乱，民众内心不安，礼仪传承散失严峻，社会秩序需要重构。在天神、地示、人鬼的祭祀对象之间，朱熹选择了最世俗的"祖先"。"礼乐是可见底，鬼神是不可见底"⑦，又关注在祭祀中具有可操作性的礼乐而非相对缥缈的鬼神。人是社会性的现实存在，个体处在不同的社会位置和时空状态中，祭祀自然有不同的价值和意义。在祭祀上，朱熹在《家礼》中为庶民祭祖设计的制度，贴近民众生活，具有浓厚的人文精神与强大的教化功能，以祖先的"真实"反衬鬼神的"无妄"，以具象的祠堂凝聚对抽象的家族的共识，"天理澄明"与"家庭和睦"之间经由恰当的礼仪构建具有了连接，赋予儒家祭祀天理的自然正当性，亦为其后宗族的发展提供了重要的理论支撑。朱熹试图将儒家的祭祀观念与天理、人伦紧密联系起来，强调祭祀活动不仅是对祖先的纪念，更是实现个人德性修养和构建社会伦理秩序的重要途径。朱熹对"孝"的理学诠释进一步丰富了他的祭祀观，他认为"孝"是人的自然天性，尽心践行便可臻于圣贤境地。这种观点在祭祀实践中体现为对先祖的

---

①　朱杰人、严佐之、刘永翔：《朱子全书》第十七册，上海：上海古籍出版社；合肥：安徽教育出版社，2002 年，第 2980 页。

②　黎靖德：《朱子语类》，武汉：崇文书局，2018 年，第 1162 页。

③　同②，第 6 页。

④　同②，第 466 页。

⑤　傅锡洪：《惟是齐戒祭祀之时，鬼神之理著——简论朱熹鬼神观中的气与祭祀》，《朱子学刊》2012 年第 1 辑。

⑥　周元侠：《论朱熹〈家礼〉的祭祖思想及其社会影响》，《福建论坛（人文社会科学版）》2021 年第 5 期。

⑦　同①，第 2974 页。

尊敬和纪念,以及通过祭祀活动来实践和弘扬孝道。朱熹通过《家礼》的编纂,不仅体现了他对儒家传统家礼和伦理思想的继承和发展,而且反映出他对家庭礼仪准则的建立,旨在通过形上的思想构建和现实的关切实践,达到典章昌明、礼乐祥和的"理想化境"。

《家礼》体现了朱熹对家族祭祀理学化改造的制度设计。要想实现"天理"最终还是要依靠主体在空间中的现实建构。作为"一家之书"的《家礼》创设了"祭之在祠"的祠堂制度,祠堂成为士庶举行礼仪的圣凡空间,使家族祭祀礼仪的举行和对祖先情感的表达有一个物质依托。①《家礼》凸显了祠堂的地位,朱熹以"报本返始之心,尊祖敬宗之意"特别开篇对祠堂这个祭祀场所用了大量的笔墨书写,并为家族的祭祀设计了"置祭田"作为经费的制度基础。设定宗子在"家礼"中的核心地位,重新建立了以宗法为中心的日常礼仪规范,体现了朱熹对家族礼仪的重视。《家礼》按照"礼有本有文"的原则,系统地规定家庭祭祀的通礼,将祭祀活动融入家庭生活中,使得礼仪能够广泛贯彻到百姓的日常生活中,化民成俗,实现个人的道德提升和社会的和谐稳定。朱熹在《家礼》中提出的祭祖制度主要包括四时祭法祭祀以及冬至、立春、季秋三祭,在《礼记》的基础上扩大了支子在代数的祭祀权利,并加强了墓地和祠堂场所之间的联系,进一步稳定了《家礼》中的祭祀秩序及宗族结构,体现了朱熹对家庭礼仪的重视和宗法制思想的强调。朱熹认为"子孙是祖先之气",子孙之气与祖考之气相连,要通过诚意之心和外在礼仪将已经散去的祖先之气"呼召在此",祖先通过"感应"来享用"血食",在家族共同体制度化的祭祀中完成"你是已死我,我是未死你"的"存祀"传承,以及创造性地提出"异姓存祀",在"以礼化俗"的过程中维持宗族的社会秩序和稳定②。朱熹对家族制度进行理学化的改造后,祭祀不仅是对家族历史和文化传承的维护,也是对家族成员之间情感纽带的加强,能够有效提升宗族内部的凝聚力和秩序感,为后世伦理思想的发展提供了宝贵的资源。

二、关于朱熹的祭祀:从道统传承到文化现象

朱熹去世之后,对朱熹的祭祀通过其弟子门人的影响突破了家祭的狭小范围,随着时间推移,不但逐步成为申明学统的重要手段,而且逐步上升为统治者的指导思想和封建社会的意识形态,"天理流行"可谓之道统。随着"千年未有之大变局"下封建社会的没落,朱子学乃至中国传统文化都遭遇危机显得落寞。改革开放之后,在中华优秀传统文化复兴的热潮下,关于朱熹的祭祀重新登上历史舞台,逐步恢复和发展,在这一阶段,祭祀的意识形态属性逐步消解,更多以文化现象的面貌呈现。

在道统传承方面,朱熹通过对《四书》的集注,构建了一个包含人物、文本两方面的道统传承系统。③人能弘道,道统的传递离不开人,朱熹的道统延续自先师先圣,"古来圣人所制祭祀,皆是他见得天地之理如此",朱熹生命中最神圣的祭祀行为便是在书院祭祀先师先圣,正是在祭祀中朱熹实现了"我与圣人相属"的精神传承。祭祀先圣中以祭祀孔子最甚,朱熹一生不断考正、推行释奠礼仪,祭孔的礼仪实践,从早年为官直到晚年沧州精舍的生活,贯穿其一生④。在朱熹的思维世界里,道和圣人具有一致性,"道便是无躯壳底圣人,圣人便是有躯壳底道"⑤,"祝告先圣"的行为便是祭祀道的礼仪行为,祭祀具有"正道"功能。朱熹在祭祀实践中体现为重视家庭礼仪教化、兴办学堂教育,不仅关注对先祖的崇拜,更强调通过教育和礼仪来传承和弘扬儒家伦理道德。对朱熹来说,祭祀孔子是具有生存论意义的重要事件,与生命具有内在关联性,他也在仪式中倾注了对自家生命状态的关注⑥。在朱熹的思想体系当中,如果想

① 王雪梅:《祭之在祠:祠堂空间的圣与俗——以朱子〈家礼〉为中心》,《中国哲学史》2022年第1期。
② 胡荣明:《从族类到气类:论朱熹的"异姓存祀"观》,《学术界》2016年第1期。
③ 徐公喜、邹毅:《朱熹道统谱系论》,《江西社会科学》2004年第8期。
④ 张清江:《礼仪、信仰与精神实践——以朱熹祭孔"礼仪—经验"为中心》,《世界宗教研究》2020年第2期。
⑤ 黎靖德:《朱子语类》,武汉:崇文书局,2018年,第2367页。
⑥ 张清江:《朱熹"祝告先圣"及其诠释学意蕴》,《中山大学学报(社会科学版)》2022年第4期。

要建立理想秩序就要依靠人的作用,这是人的内在属性,也是人的基本义务和责任。绍熙五年(1194年)竹林精舍告成后,朱熹率众弟子行"释菜之礼",祭祀对象除孔子及"四配"外,另以周敦颐、程颢、程颐、邵雍、司马光、张载、李侗从祀,这体现了朱熹晚年将儒家道统构建与书院祭祀活动紧密结合起来[1],融入书院师生日常生活中。

　　朱熹去世后党禁、学禁渐弛,朱子理学也逐步完成从"伪学"到正学的转变。嘉定元年(1208年)十月十八日,闽浙赣三省奉旨,令有司议谥,宁宗皇帝从之,朝廷诏赐朱子谥号"文"。朱子门人将朱熹视为接续孔、孟、周、程的道统正脉,利用自身影响力积极推动各地州县学为朱熹建祠,将以朱熹为核心的师生关系网络中流传的学说传播给各地后学,朱熹逐步成为各地书院、祠堂崇祀对象。如嘉定元年戊辰秋,当时的徽州太守将学宫作晦庵祠堂;嘉定四年(1211年)朱熹门人赵汝谠知漳州,将朱熹同周敦颐、程颢、程颐三先生并列为州学祭祀对象;嘉定七年(1214年),朱熹门人赵师端知徽州,将晦庵祠堂改建为文公祠,并由黄榦作《徽州朱文公祠记》;宝庆元年(1225年),建阳知县刘克庄在原沧州精舍处建朱熹祠;嘉熙元年(1237年),朱熹再传弟子李修任尤溪县令,捐金买回郑义斋馆舍故址,将其改建为二先生祠,祭朱松朱熹父子二人。祭祀礼仪成为构建群体认同的重要行为,其中,书院祭祀有着鲜明的学术旨趣和学术宗派特征[2]。朱子门人通过大量的书院、祠堂祭祀来申明道统[3],"以道导政",通过社会关系网络影响到现实的政治秩序。淳祐元年(1241年)正月,诏以朱子从祀孔庙,确立了朱子学说的正学地位,宋理宗在淳祐四年(1244年)赐"考亭书院"匾额,宝祐元年(1253年)亲笔题额"南溪书院"。

　　宋末以后,朱子学被官方统治者不断推崇,并通过制度化的科举上升成为官方统治的意识形态,随着在思想上的地位不断跃升,国家意志愈发渗透祭祀朱熹的行为之中。元仁宗延祐二年(1315年)开科取士,天下举子都必须遵循朱熹的《四书章句集注》,明太祖洪武三年(1370年)五月,定天下"四书五经"诏从朱氏传注,奠定了朱子学为官方学说的基础。受此影响,在元代以后,不但福建、安徽、江西、浙江等地,在全国各地的书院都能普遍看到对朱熹及其门人弟子的供祀,这种情况反映了当时社会普遍尊崇朱熹之学[4]。明弘治四年(1491年),尤溪国子监生林海上《乞朱文公诞辰典疏》,明孝宗皇帝"特允其奏,遂命有司以九月望日(即农历九月十五日,朱熹的诞辰)致祭",并钦颁祭品、祭文。尤溪的南溪书院首开朱子诞辰祭祀之先河,成为全国唯一于朱熹诞辰日官方祭祀朱子的地方。[5] 南溪书院经过宋、元、明三朝的不断修缮、扩建,朱熹诞辰祭典的规模颇大。康熙五十五年(1716年),杨毓建以延平通判署尤溪,重修南溪书院,建毓秀亭,纂《南溪书院志》,又请康熙皇帝御笔亲书"文山毓哲"四字匾额,颂赐南溪书院悬挂。在此过程中,"北孔南朱",朱熹甚至以仅次于孔子的神圣的人格化的形象展示在世人面前。朱子学的普遍精神("理一")通过印刷术与书籍流转,在明清之际的东亚思想世界以"同曲异调"的姿态("分殊")书写[6],在东亚其他国家朱子亦被奉为先贤,如朝鲜书院尊朱子的活动经久不衰,其祭礼的规格也越来越高[7]。

　　随着中国封建社会的没落,作为封建社会官方意识形态的朱子理学也不断僵化。近代以来,面对外来西方文化的冲击,"人民蒙难,国家蒙辱,文明蒙尘",面对"古今之变",朱子学逐步落寞。如尤溪县官方纪念朱熹活动肇始于南宋嘉熙元年(1237年),朱熹祭典为尤溪的文化盛事,历经宋、元、明、清四朝一直延续到辛亥革命初期。民国时期由于社会动荡、传统文化被打入"冷宫",祭祀理学大家朱熹的活动

---

① 王戈非:《论司马光于朱熹道统谱系中"反复"的原因》,《黑龙江社会科学》2020年第6期。
② 刘帅:《徽州紫阳书院祭祀研究》,《山西青年》2020年第4期。
③ 孔妮妮:《从"伪学"到正学:朱子学说在南宋后期的发展传播与道统的政治建构》,《史林》2022年第3期。
④ 肖永明、戴书宏:《书院祭祀与时代学术风尚的变迁》,《东南学术》2011年第6期。
⑤ 蒋玉瑞:《朱熹祭典的保护与传承》,《政协天地》2016年第9期。
⑥ 彭卫民:《渊源同一圣贤书:朱熹〈家礼〉在东亚世界的传播与影响》,《朱子学研究》2022年第1期。
⑦ 张品端:《书院在中华文化对外传播中的作用——以朱子学在韩国书院为考察对象》,《新阅读》2020年第3期。

随之沉寂了一段时期①。但在尤溪县梅仙镇乾美村发现的《紫阳朱氏建安谱》证明,以朱熹为对象的家祭活动从未停止过。改革开放之后,伴随着社会经济发展和改革开放政策的实施,思想文化领域出现了长达多年的"解放思想"浪潮,以儒学为代表的传统文化再次掀起热潮。"朱子学"逐渐被"朱子文化"的面貌替代。

新世纪以来,官方逐步从地方到国家在伦理秩序的建构中将对朱熹的祭祀纳入其中。祭祀文化被视为非物质文化遗产,祭祀的意识形态属性逐步消解,更多以文化现象的面貌呈现。作为文化资源的相关功能日益凸显,对于培育文化认同和文化自信,推动社会主义文化强国建设具有重要意义。2007 年,在朱熹 877 周年诞辰日福建省尤溪县恢复对朱子的祭典活动,在祭祀内容、祭祀形式以及祭祀贡品、祭奠祭文、祭祀用具等诸多古制规定的基础上推陈出新,组织人员创作祭典音乐、舞蹈、祭文等,形成了具有尤溪特色的《朱子祭祀大典规程》,在海内外引起较大反响,此后每年朱熹诞辰日都在南溪书院举行祭祀朱子诞辰大典。2010 年尤溪"朱熹祭典"被列入三明市非物质文化遗产保护名录,2011 年 12 月尤溪"朱熹祭典"被列入福建省第四批非物质文化遗产名录,2017 年 1 月福建省南平市申报的"朱子祭典"作为拓展项目列入,福建正努力推动尤溪"朱熹祭典"、南平"朱子祭典"联合申报国家级非物质文化遗产代表性项目。另外一方面,官方注重发挥朱熹祭典(朱子祭典)的文化教育、文化旅游等多维价值。如2015 年尤溪县文艺工作者把现代元素融入《朱子家礼》,成就了一部在海峡两岸颇受推崇的情景剧《朱子礼乐·儒风雅韵》,其中《丧礼》部分对丧葬仪式的各个环节,包括移床、治丧、入殓、做墓、出殡、做道场等一系列程序,都做了具体详细的规定②,是海峡两岸交流中的重要文化要素。在文旅融合的背景之下,2018 年福建省旅游发展委员会下发《福建省朱子文化旅游发展规划(2018—2022 年)》,2023 年制定了《朱子文化(尤溪)生态保护区总体规划》和《朱子文化(南平)生态保护区总体规划》,不仅是对中华优秀传统文化的传承,更有对中国式现代化进程中伦理文明秩序的设计探求。

三、守正创新:由祭祀文化到伦理文明

南宋绍兴二十年(1150 年),新科进士朱熹首次回到故乡新安(婺源),拜其坟墓、宗亲、姻党。在新安,朱熹探访了朱氏历代墓,并将当年朱森典质的田地赎回,以田租供族人祭祀之用,而当淳熙三年(1176 年)朱熹再归新安时,却发现祖墓没有被管理好,不过才二十多年便少了三块朱氏祖墓,可见传承之难。特定对象的祭祀会断绝,然而祭祀深层次的象征意义和文化价值仍然被保留和传承,从未中断。祭祀文化在中国古代社会中占据了极其重要的地位,是维系家族和社会秩序的重要手段。祭祀文化的起源可以追溯到对自然现象的崇拜和对超自然力量的敬畏。随着时间的推移,祭祀文化逐渐从纯粹的宗教仪式转变为具有深厚伦理意义的社会实践,其内涵也发生了显著的变化。随着儒家思想的兴起,祭祀文化开始融入更多的伦理元素。儒家将祭祀视为一种道德的践履与情感的慰藉,强调其社会功能和政治文化整合作用,通过祭礼的形式推行教化"治人",可见祭祀活动在古代社会中具有重要的伦理文明价值。

现代社会中,祭祀文化继续发挥着其独特的价值。祭祀是填平生与死的鸿沟的尝试,是在祭祀对象自然存在消逝后一种"化死为生"的努力,寻求在历史长河之中不朽。随着社会的发展和文化的变迁,祭祀活动已经从简单的宗教仪式转变为一种具有深厚伦理意义的社会实践。现代祭祀活动不仅是对先祖的情感缅怀,也是维系民族精神纽带、促进人们和谐相处的重要因素③。祭祀活动有助于社会整合和伦

---

① 罗琼:《尤溪县朱熹祭典的历史传承与文化价值》,《中国民族博览》2018 年第 5 期。
② 蒋新文:《传朱子礼乐文化　铸中华文化之魂——情景剧〈朱子礼乐·儒风雅韵〉的意蕴内涵及现实意义》,《艺苑》2022 年第 2 期。
③ 郭灿辉:《现代祭祀活动的文化含义》,《长沙民政职业技术学院学报》2010 年第 2 期。

理教化。同时,随着环保意识的提高,文明祭祀成为国民的共识,倡导绿色殡葬,树立文明祭祀新风。祭祀文化随着时空的变化而不断演变,中国古代有立德、立功、立言的"三不朽",祭祀文化不朽,在于其功、其德、其言直至今天尚有其不同寻常的意义和价值,从"崇拜"到"纪念"转变,由文化凝聚为文明。从祭祀文化到伦理文明的转变,是中国传统文化发展的一个重要过程。这一过程不仅体现了祭祀文化内涵的丰富性和多样性,也反映了中国社会在不断变化中的适应和创新。现代社会中祭祀文化的演变是一个多维度、多层次的过程。通过守正创新,祭祀文化作为文化认同的重要载体,在现代社会中继续发挥着独特的价值,为在中国式现代化建设中铸牢中华民族共同体意识提供了重要的精神资源和文化支撑。

文明是人类文化进步的智慧结晶,这一结晶并非凝固不变的,而是一个动态更新的有机体。在漫长的历史进程中,中华民族走过了不同于世界其他文明体的独特发展历程,作为世界文明中最璀璨的明珠流传至今。在古代取得了辉煌成就的中华文化,在近代鸦片战争后因西方文化的强势输入一度陷入"文明蒙尘"的危机。在中国共产党的领导之下,中华民族走向复兴,文明重新焕发出生机活力。恰是2021年3月在武夷山朱熹园考察时,习近平总书记指出:"如果没有中华五千年文明,哪里有什么中国特色?如果不是中国特色,哪有我们今天这么成功的中国特色社会主义道路?我们要特别重视挖掘中华五千年文明中的精华,弘扬优秀传统文化,把其中的精华同马克思主义立场观点方法结合起来,坚定不移走中国特色社会主义道路。"①

中华民族现代文明建设内蕴着中华民族现代伦理文明。中华民族现代文明建设是满足人民精神需要的必由之路,是提升人的全面发展和社会进步的必由之路,以"人"为核心的现代化,必然要汲取中华优秀传统文化。朱子文化为代表的中华优秀传统文化在守正创新中被纳入中国式现代化的文化建设视野之中。朱子文化和祭祀文化作为中华文明重要的文化资源,承载着深厚的历史底蕴和人文精神。从朱熹的观念理论,到现代的文化创新,"'以古人之规矩,开自己之生面',实现中华文化的创造性转化和创新性发展"②。在守正创新的过程中,传统与现代并非"断裂体",连续性是中华伦理文明的突出特性,是作为民族没有被打散的"灵魂"、民族没有被斩断的"根脉"。在现代社会中,祭祀活动仍然能够适应时代的变化,祭祀文化资源在中华民族现代伦理文明建设中具有重要的作用。中华民族现代伦理文明建设在实现中华民族伟大复兴中拥有独特的地位,自当用时代精神激活文化资源使之辉映在如今的时代星空,于文明交流和文明对话中传播中国声音,让中华民族现代伦理文明光彩绽放于世界文明之林中,让中华文明同世界各国人民创造的丰富多彩的文明一道,为人类文明发展作出更大的贡献。

---

① 本书编写组:《闽山闽水物华新——习近平福建足迹(下)》,福州:福建人民出版社;北京:人民出版社,2022年,第504页。
② 习近平:《在文艺工作座谈会上的讲话》,北京:人民出版社,2015年,第26页。

书评专栏

中国马克思主义绿色发展观的学术建构

——评《中国马克思主义绿色发展观的基本理论与方法研究》

樊　浩*

（东南大学 人文学院，江苏 南京 210096）

中国马克思主义绿色发展观作为一种关于发展问题的理论思考和根本看法，是经由几代中国共产党人的接力探索而孕育、形成、成熟的关于绿色发展的主张和观点集合，在习近平生态文明思想中得到系统集成。它赋予什么是绿色发展、为什么要实行绿色发展以及怎样实现绿色发展等重大问题以科学回答，其核心思想内在地结构为基本理论与方法体系，昭示出当代中国马克思主义、21世纪中国马克思主义在发展问题探索上的创新发展，不仅为新时代中国绿色发展提供了根本遵循和行动指南，而且为世界绿色发展贡献了中国智慧和中国方案。在学术研究视野中，中国马克思主义绿色发展观"学术形态"的构建不可或缺。如何从学术上贯通其基本理论和方法，丰富和创新"学术形态"的中国马克思主义绿色发展理论和方法体系，为新时代中国绿色发展的伟大实践乃至世界生态文明建设提供价值认知、学理支持和实践理路，已成为学术界必须承担和努力完成好的时代课题。黄志斌教授所著《中国马克思主义绿色发展观的基本理论与方法研究》（人民出版社 2023 年版）对以上问题作出了崭新探索和理论回答。该书以高度的学术自觉，立足马克思主义基本原理，兼容当代生态哲学、生态科学、环境科学、系统科学等最新成果，开掘、提摄"现实形态"中国马克思主义绿色发展观的学术意涵和实践理据，从应然规范层面阐证了中国马克思主义绿色发展价值论，从本然依据层面追问其所依循的生态自然本性和规律，阐明了中国马克思主义绿色发展范畴论和规律论，进而从实然方法层面提摄其所蕴含的方法论，使中国马克思主义绿色发展观的基本理论与方法一以贯之，系统构建起中国马克思主义绿色发展观的"学术形态"。可以说，该书是一部选题意义重大、学术贡献突出的精品力作。

一、中国马克思主义绿色发展价值论的构建

绿色发展的价值是为满足人在自然中更好地生存与发展的需要而须把握的特定的关系，同时也是指引人们从事绿色发展实践活动的动力因素和内在尺度。鉴于该书的研究内容，作者无意也不必对价值理论本身浓墨重彩，而是直奔主题，主要围绕自然对人的资源价值、人对自然的价值取向、绿色发展的时代价值展开深入研究。

自然对人的资源价值展现为使用价值、交换价值、潜在价值三个维度。自然是人类之母，它在长期的演化过程中孕育了人类，并在人类诞生之后养育着人类，不断丰富着自身的价值。人类赖以生存与发展的物质资料源于自然，自然因其自身各种特定的关系而构成有价值的个物和系统存在，为人类供给着有序结构与有效能量。这些有序结构与有效能量作为物质资源能够或直接或间接地满足人类的需要，被人类或直接或间接地使用，从而对人具有或直接或间接的工具性使用价值。所谓间接的使用价值是

＊ 作者简介：樊浩（1959—），原名樊和平，东南大学人文社会科学学部主任、资深教授、教育部长江学者特聘教授，江苏省道德发展智库、江苏省公民道德与社会风尚协同创新中心负责人兼首席专家，研究方向为道德哲学、中国伦理。

指自然资源经过人的劳动加工而成为劳动产品之后,才用以满足人的需要,彰显为人所使用的价值。由于每个生产者都不能独自生产出满足自己各种需求的全部劳动产品,因而想要获得其他劳动产品的使用价值,必须与他人进行交换。因此,劳动产品就成了商品,不仅具有使用价值,而且具有交换价值。进而言之,人们对自然资源价值的认识和发掘不是一蹴而就的,一方面对已经进入人们认识视野的自然物的资源价值有一个由浅入深、自片面至全面、从现象到本质的认识过程;另一方面迄今尚未发现的自然物,其对人的资源价值也许是巨大的,需要人们去探索,这就决定了自然还蕴藏了丰富的有待人认识与发掘的潜在资源价值。

人对自然的价值取向主要包括遵依自然、天人和谐、人民立场三个层面。第一,自然对人的多重价值意义决定了人遵依自然的价值取向。在改造自然的社会实践中,其行为如果与生态系统的自然本性和内在规律背道而驰,就会损害自然自身在内在关系中的存在与演进及其对人的资源价值,进而危及人类自身的生存与发展,只有尊重自然、顺应自然、保护自然,才能保护自然的内在价值以及对人的资源价值,保障人类更好地生存与发展。因此,遵依自然作为人的行为的价值取向就是人的行为应指向对自然的尊重、依循和优化美化,即:尊重自然、师法自然、优化美化自然。第二,天人和解的大趋势决定了人应奉行天人和谐的价值取向。和谐的要义在于事物之多样的统一、关系的协调、功能的优化、发展的互促,因此,天人和谐就进一步展开为两者之间的相容共生、循环相济、协同发展,天人和谐的价值取向也就包括了相容共生、循环相济、协同发展三个方面,人们在处理天人关系时,应以这三个方面规范自己的行为。第三,人民群众在我国绿色发展中的主体地位决定了我们应持人民立场的价值取向。人作为主体在改造自然、谋求绿色发展的过程中践行遵依自然、天人和谐的价值取向,其最终目的在于谋求主体自身的生态福祉。在中国特色社会主义新时代,绿色发展的主体是人民群众,人民群众既是绿色发展的活动主体、责任主体、创造主体,同时也是绿色发展成果的权利主体、享有主体。绿色发展理当坚守人民立场,在科学发展观中,人民立场即以人为本,在习近平新时代中国特色社会主义思想中,人民立场即以人民为中心。以人民为中心是习近平对人民群众历史创造作用、全面发展、根本利益的新概括新表述。在绿色发展上,以人民为中心就是以人民群众的绿色创造活动为前提,以人民群众的生态福祉为目的,以人民群众的绿色发展为依归。前提、目的、依归构成以人民为中心的链条,它们的有机关联、循环互促展现出绿色发展的螺旋上升,蕴含了绿色发展的价值意义,彰显出中国特色社会主义的独特优势。因此,在绿色发展实践中,以人民为中心这一人民立场,应当贯通展开。

自然对人的资源价值、人对自然的价值取向展现了中国马克思主义绿色发展观在价值本质、价值评价、价值选择上的理论内容。在中国特色社会主义新时代,它将指引人们迈向绿色发展的现实目标,彰显绿色发展的时代价值。对此,该书主要从推进美丽中国建设、促进社会全面发展、推动人类命运共同体构建三个方面进行了深刻论述。

二、中国马克思主义绿色发展范畴论和规律论的构建

欲对绿色发展价值规定性的科学把握,还需深入生态自然的内部,揭示生态自然的本质和规律,为绿色发展的价值规定性提供本然性依据。这也就是说,中国马克思主义绿色发展价值论的构建内在地要求"范畴论和规律论"的构建。为此,该书阐明了关涉绿色发展本质的基本范畴和本质性联系的三条规律。

绿色是大自然的底色。顾名思义,绿色发展就是以大自然为底色的发展。从学术化探究的角度看,绿色是绿色发展的逻辑前置,欲正确把握绿色发展的理论意涵,首先要厘清绿色的本质。生态系统是与人类直接相关的大自然,其主色调为绿色,就此而言,绿色就成了生态系统的代名词,绿色的本质亦即生态系统的本质。当代生态学成果证明,生态系统在存在状态上是具有多样结构和旺盛功能的有机整体,在演变机制上是生物与环境的协同变化,在价值趋向上是朝着更加完善、更为有序、更有利于自身存续

的方向演进。因此,绿色的本质可以用生生、协变、臻善三个基本范畴加以反映。"生生"回答了"绿色"存在状态的本性问题。前一个生即生长、生育义,是动词;后一个生即生命义,是名词。"生生"反映了生态系统因其要素的有机关联而生机不断涌现、活力不断迸发的存在状态,具体展开为结构上的有机关联、功能上的活力旺盛、时间上的创进不已,映现出以绿为底色的生态系统的本质,亦即生态绿色存在状态的本性。协变回答了"绿色"演变机制的实质问题。协变即生命体、生态系统与其环境的协同演变。"绿色"既是生命体、生态系统适应环境的结果,也是其适应能力的表征。不管是一棵树还是一片森林,只要它飞绿滴翠,就说明它适应了所在地方的环境,亦即其自身具有适应该地环境的能力;相反,如果它凋零枯萎,就说明它不适应该地的环境,抑或其自身不具有适应该地环境的能力。绿色生命体、生态系统的生长与发展必定伴随着它与环境的协同演变。于此,"协变"具体展开为前提条件上开放的自足、自我生长上机体的自足、繁衍化育上发展的自足,反映了以绿为底色的生态系统演变的本质,亦即生态绿色演变机制的实质。臻善回答了"绿色"价值趋向的本象问题。"绿色"是生命体生机勃勃、活力旺盛的标志。"绿色"生命体不仅护卫着自己的身体,增加着自己的同类,而且蕴含着使自己的"种族"更加完善的演化趋向。因此,"绿色"生命体既从工具利用的角度来评判其他生命体和地球资源,也从内在的角度来评价其他生命形式的完善性,既受到环境和其他生命体的选择,也选择环境和其他生命体,从而"创进不已",在显现自然价值的同时创生新的自然价值,使自然价值朝递增的方向演进。具有创造性的人是自然生命与生态长期价值创造的最高成就。人的主体性特质,使价值尤其是内在价值从潜在转变为现实;人的社会性特质,使自然价值的递增突变为社会价值的创造。但现实的社会价值的创造仍须以潜在的自然价值为条件,人类更好地生存与发展的环境基础在于自然价值的增殖。故对人类而言,其"系统价值"乃是自然价值与社会价值的统一,若在创造社会价值的同时严重破坏了自然价值,则这种创造在总体上就不是"善"的创造,而可能是"恶"的创造。"绿色"的价值趋向应当是自然价值与社会价值的协同增殖。臻善刻画了"绿色"的价值本质及其内在趋向,亦即生态绿色价值趋向的本象。绿色发展的价值规定性植根于以绿为底色的生态系统的本质规定性,须符合生生、协变、臻善的本然依据。该书正是按照这一理路,通过系统思考和综合创新,回答生态绿色的本质是什么的问题、厘定上述"生生-协变-臻善"范畴链条。

人与自然的关系是关涉人类生存与发展的基本关系。人与自然关系的本质是什么?习近平指出,人与自然是命运共同体。这赋予了我们在学理上阐明这种天人关系之本质意涵、探究反映天人关系之范畴的学术使命。人作为万物之灵实际上也一直在以动物所不具备的劳动特质与自然进行物质、能量和信息的交换,续写着与自然的共处和和达。因此,天人关系的本质可以用劳动、共处、和达三个基本范畴加以反映。绿色发展的要旨是人与自然的和谐共生,其现实展开不仅要符合绿色生命体、生态系统的本质规定,而且更重要的是归依天人关系的本质,有利于人类更好地生存与发展。对反映天人关系本质的范畴予以阐释,在绿色发展范畴的学理探讨中是不可或缺的内容。该书通过马克思主义文献与中华优秀传统生态文化的结合研究,面向绿色发展的价值规定性,阐明了劳动在人与自然之间物质变换过程中的中介特质、共处所反映的人与自然之间并行不悖的共时特质、和达所展现的人与自然之间协同发展的历时本色;确证:劳动从物质变换层面反映了人与自然关系的本质,共处从共时生存层面反映了人与自然关系的本质,和达从历时发展层面反映了人与自然关系的本质,三者层层推进,形成对人与自然关系本质的综合反映。这无疑成为绿色发展价值规定性的又一本然依据。

从生态绿色、人与自然关系的本质及其范畴可以演绎出绿色发展的本质,厘定绿色发展范畴。按此逻辑,该书对学界关于绿色发展范畴的研究成果进行综合概括,将绿色发展界定为人与自然日趋和谐、绿色资产不断增殖、人的绿色福利不断提升的过程。从内在关联上看,绿色发展是主题,绿色资产是基础和载体,绿色福利是归宿,三者一体三面,构成不可分割的有机整体,属于同体化范畴。绿色发展的现实展开离不开绿色资产的投入,通过投资绿色资产,可以获得更多绿色资产的回报,从而给绿色发展奠定更为厚实的基础。绿色发展的推动、绿色资产的增殖最终必须落实到人的生命感受;通过绿色发展求得绿色资产的增殖是一种"外化"或对象化的过程,绿色资产作为绿色福利的载体,使人产生美好的感受和体验,是一种"内化"或主体化的过程;若所增殖的绿色资产不能落实到人的生命感受,不能变成绿色福利,那就是只有"外化"缺少"内化"的半截子的过程,因而也就是毫无意义的过程。就此而言,绿色资产的增殖只是绿色发展的直接目标和过渡到绿色福利的中介,其最终目标或归宿是绿色福利的不断提升。绿色发展及其所包含的绿色资产和绿色福利的本质要求乃是绿色发展价值规定性的直接依据。

绿色发展的价值规定性不仅要符合生态绿色、天人关系的辩证本性,而且要依循生态系统规律,如此才能真正推动生产方式与生活方式的绿色转型乃至经济社会的全面绿色转型。生态系统是多样的要素结构形成的复杂整体,它的存续与演替根源于其物质、能量、信息循环再生的本质性联系,循环再生支撑生态系统多样性的整体统一,推动着生态系统可预测的演替,而生态系统的平衡则根源于其内在反馈调控的本质性联系,反馈调控衍生为生态系统的自我修复,维系着生态系统的动态平衡。循环再生、反馈调控显露出生态系统的本质性联系,是绿色发展所要遵循的生态系统基本规律。人类欲求更好地生存与发展,必须扬弃人类伤害自然、自然报复人类的天人冲突状态,向天人和解复归。天人和解作为人与自然关系演变的基本趋势,是绿色发展所要切合和顺应的社会发展规律。概言之,循环再生规律、反馈调控规律、天人和解规律是绿色发展遵依和体用的基本规律,也是中国马克思主义绿色发展观的基本理论蕴含。从学理上阐释这三个基本规律,是系统构建中国马克思主义绿色发展观基本理论的题中之义。该书从生态循环再生及其量变与质变、生态循环再生的多样性与复合性、循环再生过程的普遍性与特殊性三方面阐证了循环再生规律;从生态反馈调控与生态矛盾的解决、反馈调控的目的性与复杂性、绿色发展中的反馈调控等方面阐证了反馈调控规律;从天人关系的历史辩证运动及其和解趋势、天人和解的出路及其特征、绿色发展对天人和解总趋势的切合与顺应阐证了天人和解规律。这在规律性认识层面为绿色发展价值规定性提供了本然依据。

三、中国马克思主义绿色发展方法论的构建

理论与方法是相统一的。中国马克思主义绿色发展观重在解决绿色发展的现实问题,其意义不仅在于它的理论性,而且在于它的实践性。我们在实践中要解决绿色发展所面临的思想、技术、工作等问题,就要有解决问题的实然方法。事实上,中国马克思主义绿色发展观内在地蕴含了绿色发展的思想方法、技术方法、工作方法,这在习近平关于绿色发展的一系列重要论述亦即生态文明思想中得到集中体现。因此,中国马克思主义绿色发展基本理论的"学术形态"构建不可或缺,也有条件实现"方法论"的构建。基于这样的认识,该书以相关文本为依据,结合前述价值论、范畴论、规律论意涵和绿色发展实践需要,开掘、提摄中国马克思主义绿色发展观所蕴含的历史思维、战略思维、辩证思维、系统思维、创新思维、法治思维、底线思维等思想方法,绿色设计、仿生模拟和智慧网链等技术方法,群众路线和钉钉子等工作方法,并从学理上予以贯通研究,构建起中国马克思主义绿色发展方法论,为新时代绿色发展实践和生态文明建设提供方法指引。该书这方面的内容丰富,论据翔实、论证有力,限于篇幅,在此不再赘述。

总之,该书按照"应然规范—本然依据—实然方法"的逻辑路径,系统构建起中国马克思主义绿色发展价值论与范畴论、规律论、方法论相统一的"学术形态",彰显了中国马克思主义绿色发展观在基本理论与方法上的学术意涵、学理根据、内在逻辑和鲜明特色。这不仅提升和创新了中国马克思主义绿色发展观的学术研究成果,有助于推进马克思主义理论学科建设,而且可在价值认同、理性认知、方法运用等方面对绿色发展实践有所启迪和指引。